U0236826

水利水电工程施工实用手册

混凝土防渗墙工程施工

《水利水电工程施工实用手册》编委会　编

中国环境出版社

图书在版编目(CIP)数据

混凝土防渗墙工程施工/《水利水电工程施工实用手册》编委会编. —北京:中国环境出版社,2017.12
(水利水电工程施工实用手册)
ISBN 978-7-5111-3087-7

Ⅰ.①混… Ⅱ.①水… Ⅲ.①水利水电工程-混凝土防渗墙-工程施工-技术手册 Ⅳ.①TV543-62

中国版本图书馆 CIP 数据核字(2017)第 027292 号

出 版 人	武德凯
责任编辑	罗永席
责任校对	尹 芳
装帧设计	宋 瑞

出版发行　**中国环境出版社**
　　　　　(100062 北京市东城区广渠门内大街 16 号)
　　　　　网　　址:http://www.cesp.com.cn
　　　　　电子邮箱:bjgl@cesp.com.cn
　　　　　联系电话:010-67112765(编辑管理部)
　　　　　　　　　　010-67112739(建筑分社)
　　　　　发行热线:010-67125803,010-67113405(传真)
　　　　　印装质量热线:010-67113404

印　　刷	北京盛通印刷股份有限公司
经　　销	各地新华书店
版　　次	2017 年 12 月第 1 版
印　　次	2017 年 12 月第 1 次印刷
开　　本	787×1092　1/32
印　　张	7.125
字　　数	190 千字
定　　价	30.00 元

《水利水电工程施工实用手册》
编 委 会

《混凝土防渗墙工程施工》

主　　编：孔祥生

副 主 编：肖恩尚　李春鹏

参编人员：王碧峰　高宏志　刘清利　李津生

主　　审：赵长海　陈敦岗

前言

　　水利水电工程施工虽然与一般的工民建、市政工程及其他土木工程施工有许多共同之处，但由于其施工条件较为复杂，工程规模较为庞大，施工技术要求高，因此又具有明显的复杂性、多样性、实践性、风险性和不连续性的特点。如何科学、规范地进行水利水电工程施工是一个不断实践和探索的过程。近20年来，我国水利水电建设事业有了突飞猛进的发展，一大批水利水电工程相继建成，取得了举世瞩目的成就，同时水利水电施工技术水平也得到极大的提高，很多方面已达到世界领先水平。对这些成熟的施工经验、技术成果进行总结，进而推广应用，是一项对企业、行业和全社会都有现实意义的任务。

　　为了满足水利水电工程施工一线工程技术人员和操作工人的业务需求，着眼提高其业务技术水平和操作技能，在中国水利工程协会指导下，湖北水总水利水电建设股份有限公司联合湖北水利水电职业技术学院、中国水电基础局有限公司、中国水电第三工程局有限公司制造安装分局、郑州水工机械有限公司、湖北正平水利水电工程质量检测公司、山东水总集团有限公司等十多家施工单位、大专院校和科研院所，共同组成《水利水电工程施工实用手册》丛书编委会，组织编写了《水利水电工程施工实用手册》丛书。本套丛书共计16册，参与编写的施工技术人员及专家达150余人，从2015年5月开始，历时两年多时间完成。

　　本套丛书以现场需要为目的，只讲做法和结论，突出"实用"二字，围绕"工程"做文章，让一线人员拿来就能学，学了就会用。为达到学以致用的目的，本丛书突出了两大特点：一是通俗易懂、注重实用，手册编写是有意把一些繁琐的原理分析去掉，直接将最实用的内容呈现在读者面前；二是专业独立、相互呼应，全套丛书共计16册，各册内容既相互关联，又相对独立，实际工作中可以根据工程和专业需要，选择一本或几本进行参考使用，为一线工程技术人员使用本手册提供最大的便利。

《水利水电工程施工实用手册》丛书涵盖以下内容：

1)工程识图与施工测量；2)建筑材料与检测；3)地基与基础处理工程施工；4)灌浆工程施工；5)混凝土防渗墙工程施工；6)土方开挖工程施工；7)砌体工程施工；8)土石坝工程施工；9)混凝土面板堆石坝工程施工；10)堤防工程施工；11)疏浚与吹填工程施工；12)钢筋工程施工；13)模板工程施工；14)混凝土工程施工；15)金属结构制造与安装（上、下册）；16)机电设备安装。

在这套丛书编写和审稿过程中，我们遵循以下原则和要求对技术内容进行编写和审核：

1)各册的技术内容，要求符合现行国家或行业标准与技术规范。对于国内外先进施工技术，一般要经过国内工程实践证明实用可行，方可纳入。

2)以专业分类为纲，施工工序为目，各册、章、节格式基本保持一致，尽量做到简明化、数据化、表格化和图示化。对于技术内容，求对不求全，求准不求多，求实用不求系统，突出丛书的实用性。

3)为保持各册内容相对独立、完整，各册之间允许有部分内容重叠，但本册内应避免出现重复。

4)尽量反映近年来国内外水利水电施工领域的新技术、新工艺、新材料、新设备和科技创新成果，以便工程技术人员参考应用。

参加本套丛书编写的多为施工单位的一线工程技术人员，还有设计、科研单位和部分大专院校的专家、教授，参与审核的多为水利水电行业内有丰富施工经验的知名人士，全体参编人员和审核专家都付出了辛勤的劳动和智慧，在此一并表示感谢！在丛书的编写过程中，武汉大学水利水电学院的申明亮、朱传云教授，三峡大学水利与环境学院周宜红、赵春菊、孟永东教授，长江勘测规划设计研究院陈勇伦、李锋教授级高级工程师，黄河勘测规划设计有限公司孙胜利、李志明教授级高级工程师等，都对本书的编写提出了宝贵的意见,我们深表谢意!

中国水利工程协会组织并主持了本套丛书的审定工作,有关领导给予了大力支持,特邀专家们也都提出了修改意见和指导性建议,在此表示衷心感谢!

由于水利水电施工技术和工艺正在不断地进步和提高,而编写人员所收集、掌握的资料和专业技术水平毕竟有限,书中难免有很多不妥之处乃至错误,恳请广大的读者、专家和工程技术人员不吝指正,以便再版时增补订正。

让我们不忘初心,继续前行,携手共创水利水电工程建设事业美好明天!

《水利水电工程施工实用手册》编委会

2017 年 10 月 12 日

目 录

第一章

概　论

第一节　防渗墙的地位和作用

　　防渗墙是在松散透水地基或土石坝(堰)体中以泥浆固壁,采用钻孔、挖(铣)槽机械挖掘槽形孔或连锁桩柱孔,在泥浆下浇筑混凝土或回填其他防渗材料,筑成的起防渗作用的地下连续墙,是保证水工建筑物地基稳定和安全的一种工程措施。

一、松散透水地基的防渗措施

　　松散透水地基,是指由覆盖层、土状或块状全风化基岩组成的水工建筑物地基,一般泛指砂、卵、砾石地基和透水的土质地基。根据国内外统计资料,土坝失事的原因有 40% 是由于渗流导致。也就是说,地基的渗透变形是水工建筑物遭受破坏的主要原因之一。因此,在松散透水地基上建造挡水、防渗建筑物,必须充分做好防渗工程。

　　一般来说,防渗措施可根据其作用分为减渗和截渗两种,也可以根据其布置型式分为水平防渗措施和垂直防渗措施两大类。水平防渗措施主要是通过延长渗径、加密地基或淤填等手段来达到防渗的目的,包括铺盖法、淤填法、衬砌法等;垂直防渗措施是通过置换、插入或挤压等手段,在地基中形成一道止水体,来截断水流达到防渗的目的,包括置换法、插入法、加密法等。

　　防渗墙是一种垂直防渗措施,属于截渗型式。

　　我国混凝土防渗墙的建设开始于 20 世纪 50 年代末期。1958 年湖北省明山水库创造了预制连锁管柱桩防渗墙。同年在山东省青岛月子口水库用这种办法在砂砾石地基中首次建成了深 20m、有效厚度 43cm 的桩柱式混凝土防渗墙。

1959 年在北京市密云水库砂砾石地基中创造出一套用钻劈法建造深 44m、厚 80cm 的槽孔型混凝土防渗墙的新方法,取得了巨大成功。

1967 年,四川省大渡河上的龚嘴水电站,首次将防渗墙用作大型土石围堰的防渗设施。这一工程的顺利建成为我国水电施工找到了一种多快好省的围堰防渗结构。

此后,混凝土防渗墙技术在我国迅速推广普及,成为覆盖层地基、土石坝(堰)体和堤防的主要防渗工程措施。

二、防渗墙的作用和特点

防渗墙是一种广泛应用和十分重要的水工建筑物。

新建的水利水电工程中,有很多都是修建在覆盖层上的土石坝(包括围堰)工程,其中的大部分都要采用防渗墙作为坝基或坝体的防渗结构。一些运行多年需要维修或扩建的水工建筑物,其中有很多也要采用防渗墙对防渗体系进行补强加固。为了摆脱洪水的威胁,我国的各大江河的堤防需要防渗加固,其中有的地段也需要建造防渗墙。此外,防渗墙还在一些城市、矿山、核电等建筑物中被用于挡土、防冲、承重、环保等。

与其他防渗型式相比较,混凝土防渗墙有如下特点:

(1)墙体的结构尺寸(厚度、深度)、墙体材料的渗透性能和力学性能可根据工程要求和地层条件进行设计和控制。

(2)施工方法成熟,检测手段简单直观,工程质量可靠。

(3)几乎可适应于各种地质条件,从松软的淤泥到密实的砂卵石,甚至漂石和岩层中,虽然施工有难易之分,但以目前的技术都可建成防渗墙。

(4)用途广泛,既可防水、防渗,又可挡土、承重;既可用于大型深基础工程,也可用于小型的基础工程;既可作为临时建筑物,也可作为永久建筑物。

(5)一般说来,混凝土防渗墙施工要借助于大型的施工机械并在泥浆固壁的条件下进行,工艺环节较多;因此,要求有较高的技术能力、管理水平和丰富的施工经验。

(6)与其他防渗措施相比,混凝土防渗墙耐久性较好,防渗效率较高。

经验之谈

防渗墙中心线处的地质资料应包括:
★覆盖层的分层情况厚度、颗粒组成及透水性;
★地下水的水位、承压水层资料;
★基岩的地质构造、岩性、透水性、风化程度与深度;
★可能存在的孤石、反坡、深槽、断层破碎带等情况。

三、我国混凝土防渗墙的现状及发展方向

20世纪60年代后期,许多地质条件很差的坝(闸)基都纷纷采用了混凝土防渗墙方案,如四川省映秀湾水电站闸基防渗墙和渔子溪一级水电站闸基防渗墙。这两个工程都处于高山峡谷中,河床坡降很陡,巨石散布于河床表面,有的直径十多米,且岩性十分坚硬,向我国刚刚发展起来的防渗墙施工技术提出了严峻的挑战。经过反复试验,用泥浆下岩石表面聚能爆破和钻孔爆破的方法解决了大漂石的钻进问题;用投黏土球和水泥、锯末的办法解决了架空地层大量漏浆问题;用回填坚硬碎石轻打慢放的办法解决了槽孔纠偏的问题。这些防渗墙的建成为在山区河谷的大粒径漂卵石地层中修建防渗墙积累了经验,标志着我国防渗墙施工技术达到了一个新水平。

20世纪70年代,混凝土防渗墙作为病险土石坝处理的最佳手段被广泛应用。主要工程有1974年建成的广西壮族自治区百色澄碧河水库大坝防渗墙,甘肃省武威黄羊河水库坝体防渗墙,以及1978年建成的江西省永修柘林水库坝体防渗墙。

20世纪80年代初,万里长江第一坝——葛洲坝水利枢纽大江围堰防渗墙施工首次引进了日本液压导板抓斗挖槽机,首次进行了拔管法施工防渗墙接头的试验。

1986年,四川省铜街子水电站左深槽承重防渗墙和围堰固化灰浆防渗墙建成。承重墙设有两道,其间用5道横隔墙连接,部分墙段连接采用拔管法施工,在4个部位埋了观测仪器。大型防渗墙兼作承重,这是第一例,并首次使用了固化灰浆墙体材料。

1989年在河北省岳城水库建成了由44个"工"字形断面单元墙段组成的溢洪道出口防冲墙,工字高12.6m,宽7.3m,墙厚1.3m。其施工难度是前所未有的。

1990年建成了福建省水口水电站主围堰防渗墙。该墙首次应用塑性混凝土,取得良好效果,防渗效率达98%。此后很多工程相继采用了塑性混凝土,如山西省册田水库防渗墙、北京市十三陵水库防渗墙、河南省小浪底水利枢纽上游围堰防渗墙以及长江三峡大江围堰防渗墙等。该工程在部分地段还首次采用了"两钻一抓法"建造防渗墙,这种方法比单纯用冲击钻机造孔提高工效1倍以上,降低成本23%。现在,两钻一抓法已是最常用的防渗墙造孔施工方法。

1992年建成的四川省宝珠寺水电站左岸下游护坡防冲墙,墙厚1.4m,是我国目前厚度最大的防渗墙。

1998年建成的小浪底主坝防渗墙墙深81.9m,墙厚1.2m,墙体混凝土设计强度35MPa。施工中右岸部分采用了缓凝型高强混凝土,解决了墙体混凝土强度过高给钻凿接头带来的困难。左岸部分使用钢丝绳抓斗和液压铣槽机挖槽,以先施工的塑性材料横向短墙保护墙段间的接缝;此法连接可靠,施工简便,工效很高。

长江三峡工程一、二期围堰防渗墙是我国已建防渗墙工程中规模最大,综合难度最大的防渗墙,其中二期围堰防渗墙是三峡工程的关键技术之一。为了确保在一个枯水期完成任务,引进了德国BC-30型液压铣槽机、各种抓斗、钻机等

先进设备与国产设备相配合,将一大批科研成果应用于施工生产,主要技术成果有:

(1)对引进的液压铣槽机进行消化吸收,掌握了世界上最先进的防渗墙造孔技术。同时针对三峡二期围堰堰体含风化砂等多种填筑料及堰基地层复杂的特点,与抓斗等其他造孔设备配合施工,形成了适应工程实际的综合施工能力,取得了高效成槽、保证围堰按期完成的效果。这种施工设备配套方式,在国内首次改变了以钢绳冲击钻机为主的传统施工方法,实现了防渗墙施工技术的突破。

(2)研制了 GSD 型钢绳抓斗,改进完善了 CZF-1500、CZF-2000 型冲击反循环钻机等钻孔设备;研究开发了"铣、砸、爆""铣、抓、钻""铣、抓、钻、爆""块球体钻孔预爆""双反弧接头槽"等防渗墙造孔新工艺。

(3)采用优质泥浆并在强漏失地层中预灌浓浆,解决了在风化砂等松散填筑体内造孔的固壁问题。

(4)用特制的定位架在墙内成功地预埋基岩灌浆管 1.1 万余米,并在墙下进行帷幕灌浆;还采用拔管成孔法在墙内下设了观测仪器。

(5)在平均坡度 70°的岩坡上采用定位钻孔爆破技术形成台阶,解决了防渗墙嵌入基岩技术难题,确保了工程质量。

从 20 世纪 90 年代初期开始,陆续开发出了多种适用江河堤防垂直防渗的设备和工艺,这些技术的共同特点是防渗体较薄(一般为 15～40cm)、造价较低。薄型混凝土防渗墙施工技术也开始大量用于处理江河堤防的渗漏问题。

2012 年,在西藏旁多水利枢纽中,大坝基础防渗采用了全墙施工方案,防渗墙深度达到了 158m,最深墙段深达 201m,改变了传统的"上墙下幕"设计、施工理念。这是目前国际、国内最深的防渗墙,创造了防渗墙施工的多项世界纪录。

五十多年来,我国的防渗墙施工技术不断发展,在各项水利水电工程中建造的混凝土防渗墙已不计其数,许多工程的难度,在世界上都是罕见的。目前,我国的防渗墙施工技术在整体上已达到国际先进水平。

随着科学技术的进步,混凝土防渗墙将向着以下几个方面进一步拓展:

(1) 防渗墙墙体材料将更多地采用高强混凝土(一般28d抗压强度大于25MPa)和低强度低弹模高抗渗混凝土。

(2) 尽管目前防渗墙的施工能力对墙厚和墙深有一定的限制,但随着现代技术的发展,防渗墙的规模将越来越大,墙深和墙厚将更大。

(3) 一般认为,防渗墙只适用于深厚覆盖层地基及各种坝(堰、堤)体的防渗和加固,而不适用于较坚硬岩基的防渗;这是因为在硬岩中防渗墙造孔施工困难,在时间上和经济上均不合算。但随着防渗墙造孔设备和技术的发展,在软弱岩体和风化岩体中将越来越多地采用防渗墙,以替代常用的水泥灌浆。

(4) 用于超大型基础工程,起到挡土、防水和承重作用。

第二节 防渗墙的种类

防渗墙的种类可按墙体结构形式、墙体材料、布置方式和成槽方法分类。

(1) **按墙体结构形式分**,可分为槽孔型混凝土防渗墙、高压喷射灌浆防渗墙、深层搅拌防渗墙、水泥土防渗墙等类型。其中槽孔型混凝土防渗墙和高压喷射灌浆防渗墙在水利水电工程中应用最为广泛。

(2) **按墙体材料分**,可分为普通混凝土防渗墙、钢筋混凝土防渗墙、黏土混凝土防渗墙、塑性混凝土防渗墙和灰浆防渗墙。

(3) **按布置方式分**,可分为嵌固式防渗墙、悬挂式防渗墙和组合式防渗墙。

(4) **按成槽方法分**,可分为钻挖、铣挖成槽防渗墙、射水成槽防渗墙、链斗成槽防渗墙和锯槽防渗墙。

第三节 防渗墙的适用范围

防渗墙的用途广泛,既可防水、防渗,又可挡土、承重;既可用于大型深基础工程,也可用于小型的基础工程;既可作为临时建筑物,也可作为永久建筑物。作为一种重要的防渗手段,防渗墙在水利水电工程中通常应用于下列几种情况:堤坝坝基的渗流控制,围堰防渗与土石坝加固,防冲墙、承重墙等。

一、坝基渗流控制

修建在覆盖层上的土石坝、水闸和混凝土坝,为减少渗流量、控制地基渗透变形等目的,一般采取如下措施控制坝基渗流:上游水平防渗、垂直防渗和下游排水减压设施等。下游排水减压设施(排水垫层、透水盖重、减压井等)可减小渗流逸出点的渗透压力,防止渗透变形并保护坝基土,但不能起到防渗的目的。一般作为辅助设施与上游防渗手段共同作用。

上游水平防渗措施一般有水平黏土铺盖和铺土工膜等。它可以延长渗径、降低渗透坡降,减少渗漏量,但不能完全截断渗流。防渗铺盖的优点是造价低、施工简单,但当长度超过一定限制时,防渗效果并不能显著增加。

垂直防渗方案一般有黏土截水槽、帷幕灌浆、高压喷射灌浆、混凝土防渗墙等。与水平防渗相比,垂直防渗能够可靠、有效地截断渗流,在不完全封闭透水地基的情况下防渗效率也比水平防渗高。在技术可能、经济合理的前提下,应优先采用垂直防渗方案。

垂直防渗方案中黏土截水槽通常适用于深度小于15m的透水地基。该方案造价低、施工简单、稳妥可靠,只要深度可以施工,经常被采用。但当深度大于15m时,黏土截水槽施工困难加大,就需要采用高压喷射灌浆、帷幕灌浆、混凝土防渗墙等方案,具体需视地层条件、施工条件等通过技术经济比较来确定。

二、围堰防渗

施工导流中土石围堰的防渗方案是各种各样的,比较常见的有钢板桩、连续管桩、水下抛填黏土斜墙与铺盖、高压喷射灌浆、混凝土防渗墙等。

钢板桩、连锁管桩方案机械化程度高、施工速度快,但造价高,在锁口间、桩与基岩间还易形成渗漏通道。水下抛填黏土斜墙与铺盖方案需要解决水下清基和水下黏土填筑固结技术,施工比较困难,而混凝土防渗墙方案可以避免这些缺点。

三、土石坝加固

土石坝的病害及失事原因有许多种,常见的有滑坡、渗透破坏、危害性开裂等。采用防渗技术加固的方法有帷幕灌浆、高压喷射灌浆、混凝土防渗墙等,其中最可靠的为混凝土防渗墙。

四、其他

在水利水电工程中,某些部位应用的防冲墙、承重墙等也是混凝土防渗墙的型式。在许多堤防的重要地段,也使用各种型式的防渗墙。

第二章

混凝土防渗墙施工工艺流程

不同型式的混凝土防渗墙其施工工艺流程不尽相同,但大体上都包括施工准备、槽孔建造、墙体材料填筑等主要施工程序。防渗墙施工工艺流程如图 2-1 所示。

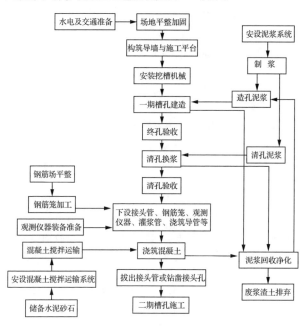

图 2-1　混凝土防渗墙施工工艺流程示意图

一、施工准备的内容

混凝土防渗墙施工准备主要包括下列内容:

(1) 收集、研究有关地质资料施工要求、施工条件的文件、图纸、资料和标准；

（2）根据批准的设计文件和施工合同，编制施工组织设计和施工细则；

（3）施工场地准备；

（4）设置防渗墙中心线定位点、水准基点和导墙沉陷观测点；

（5）修建导墙和施工平台；

（6）修建和安装施工铺助设施；

（7）进行墙体材料和固壁泥浆的配合比试验，并选定施工配合比和原材料；

（8）补充地质勘探。设计阶段的勘探孔密度一般不能满足防渗墙施工的需要，为保证墙底嵌岩质量，应在原有勘探孔的基础上进行补充勘探，加密勘探孔；

（9）当防渗墙中心线上有裸露的或已探明的大孤石时，在修建导墙和施工平台之前应予以清除或爆破。

二、槽孔建造

槽孔建造是混凝土防渗墙施工中的主要工序，它受地层等自然条件影响最大，是影响工期、工程成本，甚至决定工程成败的重要因素。防渗墙施工技术的进步主要体现在造孔水平上。

按照施工组织设计选定的造孔设备组合和槽孔划分布置，进行槽孔建造。根据实际情况，及时、准确填好造孔记录。槽孔造孔至设计深度时，进行终孔验收，验收前需要填写单引基岩顶面鉴定表，验收合格后，签发终孔验收合格证。终孔验收合格后，进行清孔换浆，清孔换浆经验收合格并签发清孔合格证后，方可进入下一阶段工作。

三、墙体材料填筑

墙体材料填筑是防渗墙施工的关键工序，虽然所占时间不长，但其对成墙质量至关重要，一旦失败，整个槽段将全部报废，处理起来对工期、效益、质量均影响巨大，因此应当高度重视，周密组织，精心准备，把握好每一个环节，做到万无一失。

对于混凝土防渗墙，采用泥浆下直升导管法浇筑混凝土。浇筑时要做好导管下设及开浇情况记录、导管拆卸记录、孔内混凝土顶面深度测量记录和槽孔混凝土浇筑指示图等观测记录工作。

第三章

混凝土防渗墙施工临时设施

混凝土防渗墙施工临建设施主要包括：导墙和施工平台、泥浆系统、混凝土系统、供水供电系统、现场值班室、修配车间、材料仓库、水泥库和场内外道路等，应尽量靠近防渗墙施工现场布置。其规模大小、结构形式应根据工程实际情况决定。

第一节 导墙及施工平台

导墙和施工平台是防渗墙顺利施工的重要前提。修筑之前根据地质情况进行必要的地基处理，如挖除或钻孔预爆已知的浅层孤石，对软弱地基进行加固处理等，保证导墙和施工平台的稳定，有利于加快施工进度和质量控制。

一、导墙

导墙是混凝土防渗墙施工之前修建的临时构筑物，它对防渗墙的施工是必不可少的。导墙是确定防渗墙的位置、墙深、基岩面位置以及混凝土浇筑高程的基准。导墙的主要作用是槽孔开挖导向和保护槽孔口；同时它还具有保持泥浆压力和阻止废浆、废水倒流槽孔的作用。在吊放钢筋笼、下设导管、接头孔拔管、处理孔内事故及埋设观测仪器等作业中，导墙起定位与支承的作用。

导墙的结构形式和断面尺寸根据地质条件、施工方法、施工荷载、槽孔深度和施工工期等因素确定。导墙的承载能力应能满足各种施工荷载的要求。

由于导墙要承受土压力、附加荷载等临时荷载，因此要求其具有一定的强度和刚度，并建在稳定的地基上。混凝土防渗墙施工一般采用钢筋混凝土导墙或混凝土导墙;当墙深较小、造孔难度不大时,也可根据实际情况采用预制混凝土构件导墙或现场组装的钢结构导墙。

1. 结构形式

混凝土导墙的断面形状有直角梯形、L 型、Γ 型和〔型等(见图 3-1)。目前经常使用的是直角梯形钢筋混凝土导墙。

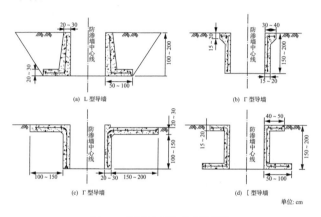

图 3-1　混凝土导墙型式示意图

直角梯形导墙抵抗集中、冲击荷载的能力较强,主要适用于用冲击钻机造孔的防渗墙工程。当孔口发生局部坍塌时,这种导墙不易断裂,能避免钻机翻倒,有利施工安全。

L 型导墙适宜于基土强度较低的情况。因为这种导墙底面积较大,承载能力强,稳定性好,不易向槽口缩窄的方向变形,但施工稍复杂。

Γ 型导墙适用于表土强度较高,且地面荷载又较大的情况。这种导墙利于维系槽口地面的平整和稳定,施工较方便。缺点是适应地基变形的能力较差,当孔口发生局部坍塌时,易发生变形和位移,甚至破坏。

〔型导墙兼有上述两种型式的优点,既可承担较大的地面荷载,又利于槽口土体的保护。但由于结构复杂,使用较少。

混凝土导墙一般要配置必要的钢筋,特别是底部和顶部要设置足够的纵向受力钢筋;混凝土的强度要根据地质条件、施工荷载和施工工期等因素确定,一般为 15~20MPa;对于超深(孔深不小于 80m)、且需采用接头管施工的防渗墙,应提高导墙的配筋率及混凝土强度,必要时可将导墙高度增加至 2.5~3.0m。

导墙一次浇筑的长度应不小于 20m,各段之间宜采用斜面搭接的方式连接,且接缝位置尽量设在槽段中部,纵向钢筋必须连接起来,成为一个整体;在两导墙间每隔一定距离有必要加以顶撑,以防止导墙变形;导墙后应回填黏土,并夯密实,以免槽内泥浆冲刷掏空。

2. 断面尺寸及质量要求

导墙高度宜在 1.0~2.0m 之间,其顶部应高出地面 5~10cm。导墙墙顶的高程要考虑地下水位和洪水的影响,一般应高于施工期的地下水位 2m。槽口宽度,在用抓斗、液压铣槽机建造槽孔时,一般大于设计墙厚 50~100mm;在用冲击钻机建造槽孔时,一般大于设计墙厚 100~200mm。

导墙轴线应与防渗墙轴线重合,其允许偏差为 ±15mm;导墙内侧面竖直;墙顶高程允许偏差为 ±20mm。需要吊放钢筋笼的防渗墙,其导墙轴线允许偏差 ±10mm,顶面高程允许偏差 ±10mm。

3. 地基加固

应根据不同的地质条件,对导墙下的地基进行加固处理,避免或减少防渗墙施工时发生孔口坍塌事故。

(1) 对松散砂土层或壤土层,可采用碾压置换法。即先清除导墙下部松散底层,然后在砂土中掺入一定量的水泥或膨润土,再进行分层碾压。碾压厚度一般在 0.5~0.8m;置换厚度在 6m 以内即可。这样,即可提高地层承载力,又可防止孔口坍塌。

(2) 对软弱土地层可采用深层搅拌桩、高压旋喷桩或粉喷桩,桩长不小于 6m。加固施工应注意控制质量,桩体不能进入防渗墙造孔范围内。

（3）对于孤、漂石大量存在的地层，应沿防渗墙轴线两侧开挖，开挖范围防渗墙轴线两侧各 6～8m，至少开挖至导墙底 3.0m 以下，再按土坝填筑要求进行分层碾压回填。该部分土料选择黏粒含量为 10%～25% 的砂质壤土最为适宜，经碾压后黏聚力 C 一般可达 10kPa 以上，内摩擦角可达 20°以上，承载力可达 100～450kPa。

二、施工平台

根据造孔和混凝土浇筑工艺的要求，施工平台可以布置在导墙的一侧或两侧。平台宽度取决于钻孔机械类型和布置方式、施工方法、泥浆系统和混凝土浇筑系统布置等，一般宽度为 18～32m。如果防渗墙是在原有大坝上施工，一般要将坝顶削低，直至达到防渗墙施工所要求的宽度；但也有在坝坡上设置施工平台的实例。如果施工平台的地基软弱，应对地基进行加固处理，处理深度应不小于 6m。

施工平台由钻机工作平台、倒渣平台、排浆沟和施工道路等部分组成，其结构与布置的要点如下：

（1）施工平台要求平坦、坚固、稳定。

（2）施工平台应尽可能修筑在原地基上。若必须修筑在填土地基上，则应保证填筑质量。填筑的施工平台地基若为砂砾石，则其密度应不小于 $1.9g/cm^3$；若为黏土地基，则其干密度应大于 $1.5g/cm^3$。否则应进行加固处理。

（3）施工平台高程应略低于导墙墙顶，而且能顺畅排水、排浆、排渣。钻机平台向外应有 0.2%～0.5% 的坡度；倒渣平台向外应有 2%～3% 的坡度。

（4）根据机具类型和施工方法，造孔设备可布置于防渗墙一侧，也可"骑墙"布置，一般多采用一侧的布置形式。当采用冲击钻机单独造孔时，钻机可布置于防渗墙的一侧，垂直于防渗墙轴线。此时在钻机工作平台上需要平行于防渗墙轴线设置 2 道（4 条）轨距 610mm 的轻轨（24kg/m），以便钻机沿防渗墙轴线方向移动。在槽孔的另一侧设置倒渣平台、排浆沟、场内交通运输道路等。倒渣平台一般宜用 15～

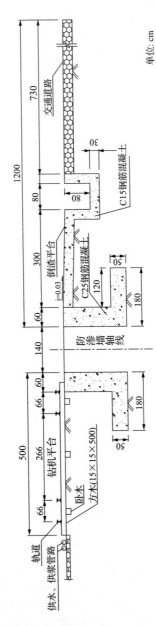

单位: cm

图 3-2 适用于 ZZ-6A 型冲击钻机的施工平台

20cm 厚的浆砌块石筑成，并以厚 5～10cm 的混凝土板保护；其宽度不宜小于 3.5m。冲击钻单独造孔施工平台布置如图 3-2 所示。当采用钻抓法造孔时，抓斗一般与钻机对面布置。由于抓斗主机需要在倒渣平台上行走，所以倒渣平台的宽度需要适当增加，护面的混凝土板和垫石层也需要适当加厚。

第二节 施 工 用 电

防渗墙施工供电系统包括变压器及其以下的线路等设施。

一、供电变压器型号、规格及安装位置

当防渗墙的工程量和施工进度确定后，依据工程需要的用电设备及用电高峰期，按式(3-1)计算施工用电总容量：

$$N = K_7 \big[(K_1 W_1 + K_2 W_2 + K_3 W_3 \\ + K_4 W_4)/\cos\phi + K_5 W_5 + K_6 W_6 \big] \tag{3-1}$$

式中：N——施工用电总容量，kVA；

W_1——造孔设备的电机总功率，kW；

W_2——制、供浆和供水系统的电机总功率，kW；

W_3——混凝土搅拌站的电机总功率，kW；

W_4——维修设备的电机总功率，kW；

W_5——电焊机总容量，kVA；

W_6——照明用电总功率，kW；

$K_1 \sim K_6$——不同用电设备的需要系数。当钻机为 3～10 台时，$K_1 = 0.7$；钻机为 11～30 台时，$K_1 = 0.6$；钻机为 30 台以上时，$K_1 = 0.5$；其他取 $K_2 = 0.7$；$K_3 = 0.7$；$K_4 = 0.5$；$K_5 = 0.5 \sim 0.6$；$K_6 = 1.0$；

K_7——同时率系数，一般取 0.6～0.8；

$\cos\phi$——电动机的平均功率因数(施工现场一般为 0.70～0.75)。

根据计算出的总用电容量选择规格适当的变压器。施

工中常用 SJ1 和 SJL1 型系列变压器,其高压侧为 6kV 或 10kV,低压侧为 400V,容量 250~1000kVA。

为使低压侧(400V)供电距离最短,变压器离现场越近越好。一般宜放置在防渗墙轴线的中部。

二、输电方式

根据施工现场的情况,输电主线路可选择架空线路或电缆两种方式。前者造价较低,但架设和拆除均较费工费时。后者造价较高,但敷设速度快,可反复使用。

对于架空输电线路,两根电杆之间的距离不宜大于50m,线路应架设在槽孔放钻机之一侧,以便于接线。对于电缆输电,可采用埋设、立杆架空或沿地面敷设等方式。电缆在横过道路时,应穿入钢管埋在地下,以免车辆压坏造成事故。

三、供电现场布置

由总电流和电压损失即可确定输电干线的导线截面。各种规格的铜、铝导线和低压橡胶电缆的安全载流量可从电工手册中查得。

由总用电容量和电流可确定总配电柜的总空气开关的容量。由所选择的输电方式和总电流决定分几路输往现场。由各路输电电流确定分路空气开关的容量。由总空气开关、分路空气开关及电压、电流、电能测量系统组成总配电柜。

沿输电主线路一定距离(约 30~50m)设置分配电盘,用电设备无论移动到任何部位都可就近接线投入运行。

配电柜和配电盘应有防雨措施,应安装漏电保安器,配电柜、盘以及用电设备的金属外壳均要可靠接地。

第三节 施 工 用 水

一、水源选择

防渗墙施工用水最好利用施工现场已有的供水系统。另建供水系统时选择水源必须考虑以下几点:

(1)水量充沛可靠,最好就近选择河水或库水;

（2）水质符合施工技术要求；

（3）取水、输水、净水设施安全、经济；

（4）施工、运转、管理和维护方便。

二、用水量计算

防渗墙施工用水包括造孔、泥浆、混凝土等生产用水和生活用水。当使用冲击钻机造孔时，各项用水量可参考表 3-1 中经验指标选取，由此根据施工高峰时的人数、混凝土浇筑的最大强度、泥浆需用量和冲击钻机的台数计算日最大用水量 $Q(\mathrm{m}^3/\mathrm{d})$。当使用其他类型的造孔机械或具备循环使用泥浆的条件时，用水量可酌减。

表 3-1 用水量经验指标

供水对象	生活用水 /[L/(人·d)]	混凝土制备 /(L/m³)	制备泥浆 /(L/m³)	冲击钻机用水 /[L/(台·h)]
耗水量	40	1200~1500	2000~4000	4000

三、临时供水系统

1. 取水设施

从江河或水库中取水可设置临时取水站。取水站主要由进水管和水泵组成，有固定式或浮动式。取水管管口距河底不得小于 0.25m。水泵可采用离心泵或活塞泵，要有足够的流量和扬程。

2. 储水池

为了保证造孔、混凝土浇筑等工序连续进行，提高供水的保证率十分重要，因此应尽量设置储水池。水池容积可按每天总用水量的 1/8～1/6 确定，并不宜小于 200m³。当现场无条件设置水池或设置水池很不经济时，也可采用水泵不间断运转供水，但必须有备用水泵。

3. 供水管路的布置

供水管路一般可分环形管网、树支状管网和混合式管网。一般采用明管铺设。在严寒地区要注意管路保温，穿过道路的埋管应防止重型机械行驶的破坏。

4. 管径的选择

供水管内径是根据供水流量和管内水流速度计算而得。确定了管段流量和流速范围后，可直接查表 3-2 选择管径。

5. 水泵的选择

常用水泵有单级单吸悬臂离心水泵（型号 B，BA），单级双吸中开式离心水泵（型号 S，Sh）和多级离心水泵（型号 D，DA）。根据管路的计算流量和扬程，从有关的机械手册中即可选定需用的水泵。

表 3-2　　　　　　　　　给水钢管计算表

管径/mm	75		100		150		200	
流量/(L/s)	i	υ	i	υ	i	υ	i	υ
12	246	2.76	52.6	1.56	6.55	0.69	1.58	0.39
14			71.6	1.82	8.71	0.80	2.08	0.45
16			93.5	2.08	11.1	0.92	2.64	0.51
18			118	2.34	13.9	1.03	3.28	0.58
20			146	2.60	16.9	1.15	3.97	0.64
22			177	2.86	20.2	1.26	4.73	0.71
24					24.1	1.38	5.56	0.77
26					28.3	1.49	6.44	0.84
28					32.8	1.61	7.38	0.90
30					37.7	1.72	8.40	0.96
32					42.8	1.84	9.46	1.03
34					48.8	1.95	10.6	1.09
36					54.2	2.06	11.8	1.16
38					60.4	2.18	13.0	1.22

注：i—单位管长水头损失，m/km；υ—管段中的平均流速，m/s。

第四节　泥　浆　系　统

泥浆系统是防渗墙施工的关键设施，由制浆站、供浆管路和泥浆回收净化设施等组成。

一、制浆站

制浆站的位置应尽量靠近防渗墙施工现场，并应尽量设置在地势较高的位置,以便于自流供浆。制浆站场地应尽量开阔、平坦,以便于运输、存储土料。

当使用黏土泥浆时,制浆站主要包括黏土料场、配料平台、制浆平台、储浆池、试验室、送浆管路、供水管路等设施。一般每台双轴卧式搅拌机平均占地面积 40～45m²。其典型布置见图 3-3。使用膨润土制浆时,制浆站布置大体相同,面积可以减小一些。

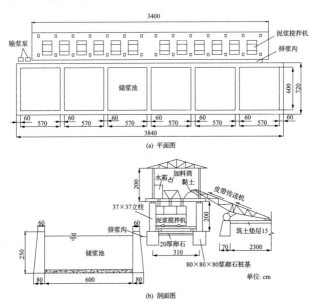

图 3-3 制浆站典型布置示意图

1. 黏土料场

若采用当地黏土制浆,黏土储料场的面积由防渗墙施工强度和来料及运输条件决定,至少应满足 3 天的黏土需要量,并储备一定数量的堵漏用黏土。料场面积可按每 1m² 地面存放 1.5～2.0m³ 土料计算,料场的面积利用系数可取0.6～0.8。料场应配备推土机和装载机。在多雨地区施工,黏土料场应有遮雨棚。

制浆黏土的每日需要量可按施工高峰时每日应完成的进尺数乘以每 1m 进尺所需要的土量计算。当用冲击钻造孔时，每 1m 进尺（墙厚 0.8m）的耗浆量在一般地层中为 2.5～3.5m³；在漏失量较大的地层中为 3.5～5.0m³（每 1m³ 泥浆需用土 340～400kg）；采用冲击反循环钻机和液压铣槽机施工时，一般为每 1m 进尺耗浆 2.0～2.5m³；抓斗施工的浆液消耗较少，一般每 1m² 墙体耗浆 1.0～1.5m³。

2. 膨润土堆场

若采用膨润土制浆，料场最大储存量可根据进料周期和每日耗量计算。其面积可按每 1m² 场地储存 2～3t 计算。泥浆耗量的计算方法同上，每 1m³ 泥浆需用膨润土 60～80kg。膨润土应堆放在与上料平台邻近的棚场内。

3. 配料平台

配料平台为黏土进入搅拌机前的称量及喂料场所，设在搅拌机平台的上面。当土料堆场低于配料平台时，可以采用皮带运输机或卷扬机向配料平台运送黏土。配料平台的面积与制浆平台的面积相同，由泥浆搅拌机的类型和数量确定。

4. 制浆平台

在制浆平台上一般可采用"一"字型布设泥浆搅拌机。若采用当地黏土制浆，需使用 2m³ 或 4m³ 卧式双轴泥浆搅拌机制浆，工效分别为 18m³/（台·班）和 36m³/（台·班）；若采用膨润土制浆，需使用高速泥浆搅拌机制浆，工效分别为 64～120m³/（台·班）。

5. 储浆池

储浆池应布置在制浆平台的旁边，其底部应布设供搅动池内泥浆用的压缩空气管路。储浆池的容量应能满足 1～2d 造孔施工的用浆量。此外还应有一个浆池专门贮存清孔置换泥浆，该池的容积应不小于最大槽孔容积。

二、供浆管路

供浆管路应按照短、平整、顺直和少用阀门的原则布置。有条件时可利用地形高差自流供浆。无条件时须在制浆站安装送浆泵并铺设 $\Phi 100 \sim 150mm$ 的供浆管路向施工平台送浆。供浆干管一般布置在钻机的后面。对于直径 150mm 的管路，在不同高差时的自流供浆距离可参考表 3-3。

表 3-3 　　　　　　　　自流供浆高差与距离关系

高差/m	供浆距离/m	高差/m	供浆距离/m
3	250	20	700
5	300～400	>25	1000
10	500～600		

三、泥浆回收和净化系统

采用冲击钻造孔抽筒出渣时，浆液不便回收，即使在浇筑混凝土时，一般也只能回收槽孔中浆液的 70%，接近混凝土表面的浆液常常被水泥所污染。当采用循环式钻机造孔时，泥浆经处理后可重复使用，可采用各种型号的泥浆净化机净化泥浆，有时也使用非标准组合设备。

根据施工高峰时钻机总回浆量 Q（m^3/h）和所选用的泥浆处理机的生产率 η（m^3/h），可按式（3-2）计算出所需泥浆处理机的台数 n（台）。

$$n = \alpha \frac{Q}{\eta} \qquad (3-2)$$

式中：α——备用系数，一般取 1.2。

泥浆净化机一般设置在施工平台上，与造孔设备配套使用。经过净化的泥浆直接输入正在施工的槽孔内。

第五节　混凝土系统

防渗墙施工的混凝土搅拌和运输系统应满足浇筑时槽孔内混凝土面上升速度不得小于 2m/h，混凝土的拌和运输能力应不小于最大计划浇筑强度的 1.5 倍。单个槽孔的浇筑应连续进行，在浇筑过程因故中断的时间不宜超过 40min。

一、混凝土搅拌站

1. 混凝土搅拌站的型式

混凝土搅拌站的型式应根据每个工程所在的位置、工程规模而定。工程规模较小、交通不便、浇筑强度低,宜设置简易的拌和站,采用人工上料和翻斗车方式运输混凝土;若工程规模、浇筑强度较大,应设置自动化或半自动化混凝土搅拌站,并使用混凝土搅拌车运输。

半自动化混凝土搅拌站可采用人工供料,自动称量、搅拌,人工放料系统;全自动化混凝土搅拌站采用机械供料,自动称量、搅拌,自动放料系统。一般混凝土搅拌站每台搅拌机平均占地 $30\sim50m^2$。

2. 混凝土搅拌机型式

国产混凝土搅拌机有自落式和强制式两种。自落式分鼓筒型和双锥型两类;强制式分涡桨式和卧轴式两类。

自落式混凝土搅拌机具有结构紧凑,运转平稳,使用可靠,维修方便等优点,但生产率较低,1台额定出料 $0.5m^3$ 的鼓筒形搅拌机生产率为 $5\sim8m^3/h$。锥形反转式出料搅拌机生产率为 $15\sim19m^3/h$。

强制式混凝土搅拌机是用旋转的搅拌叶片,将装在搅拌筒内的物料强行拌和均匀的。它具有效率高、搅拌质量好、操作灵活和卸料干净等特点;不足之处是动力消耗大,搅拌叶片及衬板磨损大,构造较为复杂。1台额定出料 $0.5m^3$ 的强制式搅拌机生产率为 $20\sim25m^3/h$。

3. 混凝土搅拌机数量的选择

混凝土搅拌机的数量要根据槽孔浇筑时混凝土的供应强度确定。混凝土的供应强度由式(3-3)计算:

$$Q = \alpha K_1 LBu \qquad (3-3)$$

式中:Q——混凝土供应强度,m^3/h;

α——保证系数,取 1.5;

K_1——槽孔的扩孔系数,一般取 1.2,对于有严重坍孔者另计;

L——最大槽孔的槽长，m；

B——槽孔的宽度，m；

u——槽孔内混凝土面的上升速度，一般取 $3\sim 5m/h$。

各台混凝土搅拌机生产率之和应不小于混凝土供应强度。可以参照表3-4选择搅拌机台数。

表3-4　混凝土浇筑强度与需用搅拌机数量的关系

混凝土浇筑强度/(m^3/h)		≤20	25	30	35	40	45	50	60
搅拌机数量/台	350L(出料)	2~3	3	4	4~5	5	6~7	6~7	7~8
	500L(出料)	2	2	2~3	3	3	3~4	4	4
	750L(出料)	1~2	2	2	2	2~3	3	3	3
	1000L(出料)	1	1	1	1~2	1~2	2	2	2

如果在工地已经有其他的搅拌站或搅拌楼可供使用，此时可按上述要求校核生产能力，满足要求即可。如果单独修建搅拌站，宜优先选用强制式搅拌机。

二、原材料的堆放

1. 水泥

水泥应根据工程进度进货，减少积压，存储期不宜超过一个月。

水泥仓库的面积可按每堆放 $1.2\sim 2.0t$ 袋装水泥计算。仓库面积利用系数为 $0.6\sim 0.8$，仓库四周要注意排水，库内要有防潮地板，顶部不得漏水。一般水泥库的面积为 $150\sim 200m^2$。

如存放散装水泥，要求罐体结构紧固，密封性好，底座和基座稳定可靠。

2. 砂石料

搅拌站旁要设砂石料场，场地要坚硬，铺有卵石碾压垫层。必要时可浇筑混凝土底板，避免泥土混入砂石料中。存料面积能满足 $2\sim 3$ 个槽孔浇筑的需要，至少要保证最大槽孔1.5倍的存料量。

露天式机械化堆场，堆料高度可按 $5\sim 6m$ 计，即每平方米可存放 $3.4\sim 4.0m^3$；露天式非机械化堆场，堆料高度可按

$1.5 \sim 2.0 \mathrm{m}$ 计，即每平方米可堆料 $1.5 \sim 2.0 \mathrm{m}^3$。

三、混凝土运输

防渗墙施工中常用的混凝土运输方式有：

(1) 人力手推车。常用的设备为双胶轮手推车，槽孔前搭设斜坡车道用以卸料。此方法供料能力小，浇筑速度慢，仅适用于小型工程。

(2) 自卸汽车。中、小型自卸卡车，对料斗稍加改造即可。缺点是混凝土易离析，卸料困难，浇筑时易堵管。

(3) 混凝土搅拌运输车。运输中混凝土不易离析，浇筑质量好，供料能力强；可直接对导管进行卸料，方便灵活；适用于远距离运输和大中型工程施工。此种运输方法对场地和道路有一定的要求。

(4) 混凝土泵。适用于浇筑场地狭窄，汽车难以进入的防渗墙槽孔部位。输送距离不宜大于 $300 \mathrm{m}$，一般常需与混凝土搅拌运输车配合使用。常用的混凝土泵排量为 $20 \sim 40 \mathrm{m}^3 / \mathrm{h}$。

第四章

混凝土防渗墙墙体材料

第一节　墙体材料的性能和特点

一、墙体材料性能

防渗墙墙体材料根据其抗压强度和弹性模量,可以分为刚性材料和柔性材料。

刚性材料一般抗压强度大于 5MPa,弹性模量大于 2000MPa,有普通混凝土(包括钢筋混凝土)、黏土混凝土、粉煤灰混凝土等;柔性材料一般抗压强度小于 5MPa,弹性模量小于 2000MPa,有塑性混凝土、自凝灰浆、固化灰浆等。

防渗墙的墙体材料多种多样,性能各异。不同种类的墙体材料有不同的性能适用范围,其材料组成、施工方法及造价也各不相同,应根据具体用途和工程条件选择墙体材料。墙体材料各项性能指标之间的匹配应合理,否则在施工中难以兼顾各项性能要求,既造成资源浪费,也不利于工程质量评定。各种墙体材料性能的一般适用范围参见表 4-1。

表 4-1　　防渗墙墙体材料性能的一般适用范围

墙体材料种类	坍落度/cm	扩散度/cm	抗压强度/MPa	弹性模量/MPa	抗渗等级	渗透系数/(cm/s)	允许渗透坡降	表观密度/(t/m³)
普通混凝土	18~22	34~40	15.0~35.0	22000~31500	≥W8	≤4.19×10⁻⁹	150~250	2.4~2.5
黏土混凝土	18~22	34~40	7.0~12.0	14000~18000	W4~W8	≤7.8×10⁻⁹	80~150	2.3~2.4
塑性混凝土	18~22	34~40	1.5~5.0	300~2000	—	$n×10^{-6}$~$n×10^{-9}$	50~80	2.1~2.3

墙体材料种类	坍落度/cm	扩散度/cm	抗压强度/MPa	弹性模量/MPa	抗渗等级	渗透系数/(cm/s)	允许渗透坡降	表观密度/(t/m³)
固化灰浆	—	—	0.3~1.0	50~200	—	$n \times 10^{-6} \sim n \times 10^{-8}$	30~50	1.4~1.7
自凝灰浆	—	—	0.1~0.5	10~50	—	$n \times 10^{-6} \sim n \times 10^{-7}$	20~30	1.3~1.4

二、墙体材料特点

墙体材料应符合防渗墙的使用及施工要求。

（1）混凝土具有适宜的强度。防渗混凝土是在泥浆下浇筑的，墙体混凝土的强度要比机口取样的试件强度有所降低，因此在进行混凝土配合比设计时，应适当提高混凝土的配制强度；根据经验，提高幅度以 20%~25% 为宜。防渗墙不宜使用速凝和早强型混凝土，以免给混凝土浇筑和墙段连接施工造成困难。

（2）较低的弹性模量。防渗墙应能较好地适应地基或坝（堰）体的变形，因此，当强度一定时，防渗墙墙体材料的弹性模量原则上越低越好，也即弹性模量与抗压强度的比值越小越好。

（3）良好的抗渗性能。早期采用的防渗墙混凝土抗渗等级常常达到 W4~W8，相当于渗透系数小于 10^{-8} cm/s。近些年来，随着塑性混凝土的使用，一般要求渗透系数为 $10^{-7} \sim 10^{-6}$ cm/s 级即可。

（4）较好的抗侵蚀性能，以保证防渗墙能有足够的使用寿命。

（5）表观密度不小于 $2100 kg/m^3$，不要采用表观密度过小的骨料。

（6）混凝土拌和物应具有良好的工作性能。包括：

1）较大的流动性。一般要求防渗墙混凝土的入孔坍落度为 18~22cm，扩散度 34~40cm；坍落度保持 15cm 以上的时间不小于 1h。

2）较好的黏聚性和保水性。混凝土在浇筑过程中能保持均匀，不离析。施工中一般要求在 2h 内泌水量不大于混凝土体积的 1.5%。

3）初凝时间不小于 6h，终凝时间不宜大于 24h。凝结缓慢有利于槽孔混凝土的连续浇筑。

经验之谈

墙体材料应具备的一般要求

★设计提出的抗压强度、抗渗性能及弹性模量等指标；

★墙体材料拌和物应具有良好的施工性能。

第二节　原　材　料

一、水泥

防渗墙的工作条件要求墙体混凝土有一定的抗压强度、抗拉强度、良好的抗渗性能和抗侵蚀性。硅酸盐水泥和普通硅酸盐水泥可用于一般要求的防渗墙；火山灰水泥和粉煤灰水泥可用于有一般要求及有侵蚀性地下水的工程；矿渣水泥因其泌水严重，一般不适于防渗墙。

运至工地现场的水泥，应有生产厂家的检验报告。进场后按批次进行抽检，抽检频次每 200～400t 同厂家、同品种、同强度等级的水泥为一取样单位，不足 200t 也作为一取样单位。抽检结果不合格者不得使用。水泥存放期间不得受潮、结块，一般出厂期不超过 3 个月。

防渗墙混凝土所用胶凝材料较多，普通混凝土胶凝材料用量不宜少于 350kg/m³。

二、细骨料（砂）

应尽量选用石英含量较高、颗粒浑圆、具有平滑筛分曲线的河砂，也可选用人工砂，其细度模数宜为 2.4～2.8。各项质量技术指标宜符合表 4-2 和表 4-3 的要求。

表 4-2　　　　　　　砂的质量技术要求

项目	指标	备注
天然砂中的黏土、淤泥及细屑含量/% 其中黏土含量/%	<3 <1	不应含有黏土团粒
云母含量/%	<2	
表观密度/(t/m³)	>2.5	
轻物质含量/%	<1	
硫化物和硫酸盐(以 SO₃ 含量计)/%	<1	
有机质	浅于标准色	

表 4-3　　　　　　　砂的最佳级配范围

筛孔/mm	5	2.5	1.25	0.63	0.315	0.16
累计筛余/%	0~15	10~30	20~40	40~60	80~90	90~100

三、粗骨料(石子)

为提高混凝土的流动性,应尽量采用天然骨料。人工骨料母岩的抗压强度应不小于混凝土设计强度的 1.5 倍。石子的粒径由大到小应连续,最大粒径不超过 40mm,且不得大于钢筋净距的 1/4;条件允许时,采用最大粒径为 20~32mm 的一级骨料更好。采用二级配骨料时,小石与中石的比例不宜小于 4:6。其他技术质量要求见表 4-4。

表 4-4　　　　　　　粗骨料的质量技术要求

项目	指标	备注
含泥量/%	<1	不应含有黏土团块
硫化物和硫酸盐(以 SO₃ 含量计)/%	<0.5	
表观密度/(t/m³)	>2.6	
针片状颗粒含量/%	<15	
软弱颗粒含量/%	<5	
有机质	浅于标准色	

四、拌和水

符合饮用水条件的江、河、库水均可用于拌制混凝土。

采用其他水源时,应符合《混凝土用水标准》(JGJ 63—2006)中的有关规定。

五、掺和料

防渗墙混凝土的掺和料主要有黏土、膨润土和粉煤灰。

用作护壁泥浆的黏土、膨润土均可作为防渗墙混凝土的掺和料,其质量技术要求见本章第四节。粉煤灰的质量技术要求见表4-5。

表 4-5　　　　　　粉煤灰的品质指标和等级

序号	指　标	等　级		
		I	II	III
1	细度(45μm 方孔筛筛余)/%	≤12	≤20	≤45
2	烧失量/%	≤5	≤8	≤15
3	需水量比/%	≤95	≤105	≤115
4	三氧化硫/%	≤3	≤3	≤3

在实际应用中,当 II 级粉煤灰的烧失量指标达不到要求时,其超出数值应不大于指标要求的 25%,同时细度和烧失量的乘积小于 160 时,可视作 II 级粉煤灰使用。

防渗墙混凝土使用的粉煤灰最好采用 II 级及以上的。当水泥强度等级与混凝土强度等级比值较大,以及用于临时建筑物时,可采用 III 级粉煤灰。

六、外加剂

防渗墙混凝土一般选用普通型或高效型的减水剂,有时也用缓凝型或引气型的减水剂,或同时加入引气剂。在没有特殊要求的情况下,一般不选用速凝剂、抗冻剂和膨胀剂。各种外加剂的检验方法、掺外加剂的混凝土的性能要求参见《水工混凝土外加剂技术规程》(DL/T 5100—2014)。

普通型减水剂,常用木质素磺酸钙(MG),掺量一般为水泥重量的 0.2%～0.3%,减水率为 10% 左右。高效型减水剂,常用主要成分为 β-萘磺酸甲醛缩合物的 FDN、NF、UNF-5 等。这些减水剂的掺量一般为 0.5% 左右,减水率为 12%～25%。

一般防渗墙混凝土常用普通型减水剂,强度较高的防渗墙混凝土常选用高效减水剂。它们的主要技术指标和掺入外加剂后混凝土的主要性能见表 4-6、表 4-7。

表 4-6　　　　　　　混凝土减水剂质量标准

试验项目＼减水剂类别		普通型	高效型	早强型	缓凝型	引气型
减水率/%		≥5	≥12	≥5	≥5	≥10
泌水率比/%		≤100	≤100	≤100	≤100	≤950
含气量(绝对值)/%		≤3.0	≤3.0	≤3.0	≤3.0	3.0~5.5
凝结时间之差 (h:min)	初凝	−1:00~ +2:00	−1:00~ +2:00	−1:00~ +2:00	−2:00~ +6:00	−1:00~ +2:00
	终凝	−1:00~ +2:00	−1:00~ +2:00	−1:00~ +2:00	−2:00~ +6:00	−1:00~ +2:00
抗压强度比/%	1d	—	≥135	≥125		
	3d	≥110	≥125	≥125	≥100	≥110
	7d	≥110	≥120	≥115	≥100	≥110
	28d	≥110	≥115	≥110	≥100	≥110
	90d	≥100	≥100	≥100	≥110	≥100
收缩(三个月)增加 不大于/(mm/m)		0.1	0.1	0.1	0.1	

注:表中所列数据为试验混凝土与基准混凝土的差值或比值。

表 4-7　　　防渗墙混凝土常用外加剂的主要性能

类型	名称	主要成分	掺量(按水泥重)/%	产品技术指标			
				形态	pH	硫酸盐/%	氯化物/%
普通型	木钙 (MG)	木质素磺酸钙	0.2~0.3	固	4~6	0.75~ 1.30	
	WN-1	木质素磺酸钠	0.25~0.3	固	12.5		
	TRB	木质素、半纤维素	0.5~0.75	粉	8.5~ 10.5	13~19	<1.7

类型	名称	主要成分	掺量(按水泥重)/%	产品技术指标			
				形态	pH	硫酸盐/%	氯化物/%
高效型	FDN	β-萘磺酸甲醛缩合物	0.2~1.0	粉	7~9		1.60
	NF	萘磺酸甲醛缩合物	0.5~1.5	固	11~12		0.99
	UNF-2	β-萘磺酸甲醛缩合物	0.3~0.7	粉	7~9	≤25	
	MF	萘磺酸盐	0.3~0.7	粉	7~9	<5	
缓凝引气减水剂	DH5	萘磺酸盐	0.1~0.25		9±1		
	801	聚次甲基多环芳烃磺酸钠	0.5	固	7~9		
	MY	木钙衍生物	0.2~0.5	固	8~9	<25	

第三节　普通混凝土

防渗墙用普通混凝土是指胶凝材料除水泥外,原则上不加掺和料的高流动性混凝土。

一、主要性能

普通混凝土的水泥用量一般不小于 $350kg/m^3$,水灰比不宜大于 0.6,砂率不宜小于 40%。随着技术的发展,为节省水泥或改善混凝土的性能,现在也有在普通混凝土中加入粉煤灰等活性掺和料。普通混凝土经常用在除防渗以外还兼有挡土、承重等作用的防渗墙工程上。表4-8 为我国若干普通混凝土防渗墙工程实例。

根据防渗墙的使用要求,普通混凝土的性能主要有抗压强度、抗渗性能等,其他如抗拉强度、弹性模量等与抗压强度具有一定的相关性。

1. 抗压强度

抗压强度是混凝土的重要力学指标,一般以 28d 龄期为基准。根据抗压强度可以评定混凝土的质量,推定抗拉强度、弹性模量等其他力学指标。影响混凝土强度的因素很多,

表 4-8

国内部分防渗墙工程普通混凝土基本配合比及性能情况表

工程名称	坝高/m	防渗墙深度/m	混凝土配合比/(kg/m³)								抗压强度/MPa	弹性模量/GPa	抗渗等级	完工年份
			水泥	粉煤灰	砂	小石	中石	水	外加剂	钢筋				
四川映秀湾水电站	17.0	14.9	368		565	534	534	254		有	15.5~20.0	19.0	W8	1966
贵州窄巷口水电站	39.5	28.3	336		742	1067		235		有	16.9	28.5	W9	1967
四川渔子溪水电站	27.8	32.0	410		764	401	602	221			20.0		W8	1969
葛洲坝二期 上游围堰 I墙	47.0	47.5	350		950	900		200			30.1	30.8	W9	1982
葛洲坝二期 上游围堰 II墙			245	105	900	900		212			20.3	26.6		
河北岳城水库防冲墙	32.5	15.3	305		671	1200		184		有	20.0			1989
河南小浪底主坝	154.0	81.9	400		904	905		180		有	35.0	30.0	W8	1994
新疆下坂地水利枢纽	78	85	272	91	711	480	587	145						2009
四川黄金坪水电站	82.5	129	341	146	757	655	281	195	3.413	有	40	31.6	W10	2013

最重要的是拌制混凝土的水泥的品种、标号、水灰比和混凝土的龄期。

2. 抗渗性能

反映混凝土抗渗性能的指标有两种，即抗渗等级（W）和渗透系数（K），实际应用更多采用抗渗等级（W）。

影响混凝土抗渗性能的因素有水泥的掺量、品种、含气量、水灰比和龄期，其中影响最大的是水灰比和龄期，掺加引气剂也有助于提高混凝土抗渗性能。

二、配合比设计

防渗墙墙体材料主要是各种不同配合比和性能指标的混凝土，砂浆和灰浆材料也可看成是广义的混凝土。混凝土施工配制强度的计算，有均方差（σ）法和离差系数（C_v）法两种方法。均方差和离差系数都是反映混凝土离散性的指标，一个是绝对值，一个是相对值，两者没有本质的区别。目前一般建筑结构混凝土的施工规范中规定采用均方差法计算混凝土的配制强度。防渗墙混凝土与一般建筑结构混凝土有所不同，大部分防渗墙体材料的抗压强度在15MPa以下，且变化范围很大，最低设计强度只有0.3MPa，其施工配制强度计算宜采用离差系数法，但当防渗墙混凝土的强度等级在10MPa以上时，也可采用均方差法。

1. 均方差法计算混凝土的配制强度

当采用均方差法时，根据《水工混凝土施工规范》（DL/T 5144—2015）的规定，混凝土的施工配制强度可按式（4-1）确定：

$$f_{cu,0} = f_{cu,k} + t\sigma \tag{4-1}$$

式中：$f_{cu,0}$——混凝土的施工配制强度，MPa；

$f_{cu,k}$——混凝土设计龄期的强度标准值，MPa；

t——概率度系数，由式（4-2）计算；

σ——施工单位的混凝土强度标准差，MPa。

概率度系数计算公式（4-2）：

$$t = \frac{mf_{cu} - f_{cu,k}}{\sigma} \tag{4-2}$$

式中：mf_{cu}——统计周期内同一品种混凝土 n 组强度的平均值，MPa。

保证率 P 和概率度系数 t 的关系见表 4-9。

表 4-9 保证率与概率度系数的关系

保证率 P/%	80.0	82.9	85.0	90.0	93.3	95.0	97.7	99.9
概率度系数 t	0.84	0.95	1.04	1.28	1.50	1.65	2.00	3.00

混凝土强度标准差的确定方法如下：

（1）当有近期的同一品种混凝土强度资料时，强度标准差 σ 按式（4-3）计算：

$$\sigma = \sqrt{\frac{\sum_{i=1}^{n} f_{cu,i}^2 - nm^2 f_{cu}}{n-1}} \qquad (4-3)$$

式中：$f_{cu,i}$——统计周期内同一品种混凝土第 i 组试件的强度值，MPa；

n——统计周期内同一品种混凝土试件的总组数，$n > 30$。

σ 的下限取值：对小于和等于 $C_{90}25$ 级混凝土，计算得到的 σ 小于 2.5MPa 时，σ 取 2.5MPa；对大于和等于 $C_{90}30$ 级混凝土，计算得到的 σ 小于 3.0MPa 时，σ 取 3.0MPa。

（2）当没有近期的同一品种混凝土强度资料时，强度标准差 σ 可按表 4-10 取用。

表 4-10 标准差 σ 参照值

混凝土强度等级	$\leqslant C_{90}15$	$C_{90}20 \sim C_{90}25$	$C_{90}30 \sim C_{90}35$	$C_{90}40 \sim C_{90}45$	$\geqslant C_{90}50$
$\sigma(90d)$/MPa	3.5	4.0	4.5	5.0	5.5

2. 离差系数法计算墙体材料的配制强度

当采用离差系数法时，防渗墙墙体材料的施工配制强度可按式（4-4）确定：

$$f_{cu,0} = \frac{f_{cu,k}}{1 - tC_V} \qquad (4-4)$$

式中：$f_{cu,0}$——墙体材料的施工配制强度，MPa；

$\quad\quad f_{cu,k}$——设计的墙体材料强度标准值，MPa；

$\quad\quad t$——概率度系数，不宜小于 0.84（保证率不宜小于 80%）；

$\quad\quad C_V$——强度的离差系数。

墙体材料强度离差系数的确定方法如下：

（1）当有近期的同一品种墙体材料强度资料时，强度离差系数 C_V 按式（4-5）计算：

$$C_V = \frac{\sigma}{mf_{cu}} \qquad (4-5)$$

式中：C_V——强度的离差系数；

$\quad\quad \sigma$——施工单位的强度标准差，MPa，计算方法同式（4-3）；

$\quad\quad mf_{cu}$——统计周期内同一品种墙体材料 n 组强度的平均值，MPa。

（2）当没有近期的同一品种墙体材料强度资料时，强度离差系数 C_V 可参照表 4-11 确定。

《水工混凝土施工规范》（SL677—2014）中混凝土配合比设计及混凝土生产管理采用以标准差（σ）为主要参数的计算方法，混凝土配制强度采用式（4-1）的形式，不完全适用于防渗墙墙体材料的特殊情况。依据有关单位和专家的研究成果和建议，并对国内 26 道不同墙体材料防渗墙的统计资料进行分析后，在表 4-11 中列出了适用于防渗墙墙体材料计算施工配制强度的 C_V 参照值供参考。

表 4-11　防渗墙墙体材料抗压强度离差系数 C_V 的参照值

强度等级 /MPa	≥20	20～13	12～7	6～4	3.5～2.5	2.0～1.0	<1.0
计算 $f_{cu,0}$ 的 C_V 参照值	0.15～ 0.18	0.20	0.24	0.28	0.33	0.40	0.50

防渗墙混凝土是用直升导管法在泥浆下浇筑的，据国内外资料，其强度比同等级地面浇筑的混凝土强度有不同程度

的降低,仅为后者的 $70\% \sim 90\%$。降低幅度与混凝土的骨料粒径、配合比、流动性、浇筑速度、泥浆性能、导管间距等因素有关。所以考虑到泥浆下浇筑条件的不利影响,设计施工配合比时应根据具体情况相应提高混凝土的施工配制强度。参照国内外经验,建议对普通混凝土和黏土混凝土可提高一个强度等级;对于塑性混凝土、固化灰浆和自凝灰浆,因其强度较低、离散性较大,建议提高 25% 左右。

经验之谈

一般来说,混凝土墙体材料,入孔坍落度应为 $18 \sim 22cm$,扩散度应为 $34 \sim 40cm$,坍落度保持 $15cm$ 以上的时间不小于 $1h$;初凝时间应不小于 $6h$,终凝时间不宜大于 $24h$;混凝土的密度不宜小于 $2100kg/m^3$。当采用钻槽法施工接头孔时,一期槽段混凝土早期强度不宜过高。

第四节 其他混凝土

一、黏土混凝土

为降低弹性模量,在胶凝材料中掺用了一定数量黏土的高流动性混凝土叫黏土混凝土。黏土的掺加量一般为水泥和黏土总重量的 $12\% \sim 20\%$,最多不大于 25%。黏土混凝土的早期强度较低,后期强度增长较多,通常 180d 强度可达到 28d 强度的 1.5 倍。黏土混凝土拌和物具有良好的和易性。

配制黏土混凝土的水泥用量不宜小于 $350kg/m^3$,水灰比不宜大于 0.65,砂率不宜小于 36%。一般要求所掺黏土的塑性指数不小于 17,黏粒含量不低于 40%,含砂量小于 5%,有机物含量小于 3%。黏土混凝土对砂石料的含泥量要求可适当放宽,砂的含泥量不大于 8% 即可。

表 4-12 列出了密云水库等若干防渗墙工程所使用的黏

土混凝土的配合比及性能指标。

二、塑性混凝土

以黏土、膨润土等混合材料取代普通混凝土中大部分水泥的低强度、低变形模量和大极限变形的高流动性水下浇筑混凝土,称塑性混凝土。

塑性混凝土拌和物的密度一般为 $2100 \sim 2300kg/m^3$,泌水率不超过 3%,和易性很好,坍落度和扩散度随时间的增长而减少,但在 3h 内变化不大。初凝 8h 左右,终凝 48h 左右。

塑性混凝土抗压强度的设计值一般不大于 5MPa,早期强度增长较慢,后期增长速率较高,通常 60d 和 180d 强度可达 28d 强度的 1.5 倍和 1.8 倍;其抗拉强度一般为抗压强度的 $1/12 \sim 1/7$。塑性混凝土的变形模量一般不超过 2000MPa,与抗压强度基本上呈直线关系;其无侧限极限应变可达到 0.33% ~ 0.70%(普通混凝土的极限应变为 0.08% ~ 0.3%);其破坏渗透比降可达 300 以上;其渗透系数随时间的增长而降低。

塑性混凝土的水泥用量为 $80 \sim 150kg/m^3$,膨润土用量不宜小于 $40kg/m^3$,水泥与膨润土的合计用量不宜少于 $160kg/m^3$,胶凝材料总用量(包括土料、粉煤灰等)不宜小于 $240kg/m^3$,砂率不宜小于 45%,宜采用一级配骨料;当采用二级配骨料时,小石与中石的用量比不宜小于 1.0。评价塑性混凝土配合比设计的标准是:在强度一定的条件下,弹性模量与抗压强度的比值(弹强比)大小,比值越小越好。塑性混凝土的弹强比一般为 100 ~ 400,大大低于普通混凝土。

国内外若干塑性混凝土防渗墙工程的有关情况见表 4-13。

三、自凝灰浆和固化灰浆

自凝灰浆和固化灰浆都是以护壁泥浆为基本浆材,在泥浆中加入水泥等固化材料后凝固而成防渗墙墙体材料。所不同的是,自凝灰浆在制浆时就加入了固化材料和缓凝剂,在造孔挖槽时它起护壁作用,在造孔结束后的一定时间内自行凝固成墙;而固化灰浆是在单槽造孔结束后才在护壁泥浆

表 4-12　　国内部分防渗墙工程黏土混凝土基本配合比及性能情况表

工程名称	坝高/m	防渗墙深度/m	混凝土配合比/(kg/m³)						抗压强度/MPa	弹性模量/GPa	抗渗等级	完工年份
			水泥	黏土	砂	小石	中石	水				
北京密云水库	66.0	44.0	375	57	580	1075		240	10.0	20.0	W8	1960
云南毛家村电站	80.5	40.0	378	94.5	534	1083		260	8.5～11.0	21.4	W8	1962
金川峡坝体加固	21.0	38.0	330	80	605	1100		240	8.0～10.9		W8	1966
北京十三陵水库	29.0	60.0	320	80	595	1028		260	8.0～10.0	17.0	W8	1970
甘肃碧口电站宽墙	101.0	37.8	366	92	566	922		274	11.12	22.0	W8	1971
甘肃碧口电站深墙	101.0	65.5	246	105	670	600	490	229	9.52	16.0	W6	1973
广西澄碧水库	70.0	55.2	310	55	580	545	545	250	10.0	24	W8	1974
葛洲坝一期纵向围堰		30.0	230	98	613	1245		213	10.0～11.8	21.5	W4	1976
江西柘林水库	63.5	61.2	294	73	599	649	433	235	9.0～10.0	15.0	W8	1977
河北邱庄水库	24.5	58.7	400	59	518	1000		247	8.95	16.0	W6	1983
浙江牛头山水库	49.3	62.0	322	80	630	567	378	233	11.9	16.0	W8	1984
云南松花坝水库	62.0	53.2	351	88	598	414	622	250	13.1	26.3	W8	1990
云南瑞丽姐勒水库	40.0	49.0	342	85	499	594	396	265	10.36	13.9	W6～W8	1993
山东太河水库	48.5	51.9	245	95	696	516	516	234	10.0	15.0	W8	1997
河北黄壁庄水库	30.7	60.0	318	粉煤灰 51 膨润土 31	657	492	492	237	10.0	17.5	W8	2002

表 4-13　国内外部分防渗墙工程塑性混凝土基本配合比及性能情况表

	工程名称	坝高/m	防渗墙深度/m	混凝土配合比/(kg/m³)						抗压强度 R₂₈/MPa	弹性模量/MPa	渗透系数/(10⁻⁷ cm/s)	完工年份
				水泥	黏土	膨润土	砂	石(卵石)	水	R_{28}/MPa	/MPa	/(10⁻⁷ cm/s)	
国外	维尔尼坝(法)	40.0	50.0	47.7	117	11	994	662	312	1.2~1.3	200~300	0.1~10	1982
	科尔文坝(智利)	116.0	68.0	75	121	19	1483		423	1.40	320~650		1982
	只见坝(日)	24.0	20.0	125		25	792	928	279	2.10	500	4.40	1987
	佛朗西斯科坝(西班牙)	88.0	40.0	150		40	1170	700	372	2.0~3.0	100.0	10.00	1993
	布龙巴赫(德国)	39.0		100	160	石粉160	750	450	400				
国内	小浪底上游围堰	60.0	73.4	150	80	40	760	910	230	3.80	221.6	0.30	1994
	山东太河水库	48.5	51.9	95	195		829	899	238	1.60	400~500	2.00	1997
	岭澳核电站防波堤		24.0	125		125	886	725	310	2.10	250~500	0.10	1998
	三峡二期上游围堰	82.5	73.5	180	粉煤灰80	100	1341	72	282	5.19	1032.7	0.76	1998
	三峡二期下游围堰	65.5	68.0	200		40	850	750	260	4~5	500~700	0.10	1998
	广东英德西防洪堤	10.8	13.0	158		84	916	800	242	5.10	566.4	0.042	1999
	高坝洲电站一期围堰		10.0	210	128		1300		378	2.61	302.5	0.44	1999
	武汉长江干堤鹦鹉堤		15.0	110	110	20	1670		300	2.00	1000	1.00	2001
	湖北省泽桥河水库除险加固	29.7	51.5	150		70	885	885	260	2.59	890	0.6	2003
	哈尔滨市磨盘山水库		49.5	190		80	835	835	255	4.3	837.4	<10	2004
	河南省五岳水库除险加固	28.8	31.5	165		80	864	864	258	2.1	854.1	4.0	2010
	郑州龙湖调蓄工程防渗墙		38	143		100	846	846	143	2.8	1200	2.6	2011
	内蒙古旗下营供水工程			145		95	841	841	270	3.95		0.7~1	2012
	西藏甲玛沟尾矿库防渗墙	90	119	170	70	—	899.25	881	252				2014

中加入固化材料。为了不影响造孔，对自凝灰浆的稠度有所限制；因此其密度和强度也相对较小。自凝灰浆和固化灰浆具有水泥土的性质。使用自凝灰浆和固化灰浆作为防渗墙墙体材料，省去或简化了浇筑工序，具有泥浆废弃少、墙段连接施工简便、接缝质量高、造价较低、便于拆除等优点。

1. 自凝灰浆

自凝灰浆常用的配合比是：每 1m³ 固化体用水泥 100～300kg、膨润土 40～60kg、水 850kg 左右，也有加掺合料（如砂、粉煤灰、石粉等）的，缓凝剂一般采用糖蜜或木质素磺酸盐类材料。

自凝灰浆凝固后的无侧限抗压强度为 0.2～0.4MPa。当灰水比为 0.2～0.4 时，变形模量为 40～300MPa，无侧限极限应变为 0.6%～1.0%，当侧限压力为 0.1～0.3MPa 时，极限应变为 3%～5%，这与土层和砂砾石层十分接近。自凝灰浆的渗透系数为 $10^{-5}\sim10^{-7}$ cm/s，破坏渗透比降大于 200。

自凝灰浆在低水头堤、坝基础防渗工程和临时围堰防渗工程中应用较多。国外使用该种材料的最大墙深已达 50m。

自凝灰浆还可用于配合装配式钢筋混凝土防渗墙和钢板桩防渗墙施工。即在槽孔完成后插入预制的墙板或钢板桩，墙板或钢板桩与槽壁之间的空隙由自凝灰浆所充填，使预制墙或钢板桩与地层紧密连接，预制墙板或钢板桩之间的接缝防渗也由自凝灰浆承担。

1985 年，在深圳大亚湾核电站，由法国地基公司施工，做成了我国第一道自凝灰浆防渗墙。该墙长约 1004m，平均深度 12.5m，最大深度 16m，墙厚 0.8m。自凝灰浆的 28d 抗压强度不低于 0.2MPa，渗透系数为 $n\times10^{-6}$ cm/s。

2002 年 11 月，自凝灰浆防渗墙成功地应用于三峡三期围堰防渗工程中。该段墙长 144.51m，最大深度 26.1m，墙厚 0.8m，其配合比见表 4-14。自凝灰浆的 28d 抗压强度为 0.42～0.47MPa，弹性模量为 83～231MPa，渗透系数为 $(2.39\sim9.22)\times10^{-7}$ cm/s，允许渗透比降大于 40。

表 4-14　三峡三期围堰自凝灰浆防渗墙的配合比

灰水比	水泥/kg	膨润土/kg	水/kg	缓凝剂/kg	分散剂/kg
0.26	236	45	907	0.7~0.9	1.8
0.28	236~254	45	900~907	0.7~0.9	1.8

　　2008 年施工的约旦 APC 钾盐厂晒盐池堤防工程,采用了自凝灰浆防渗墙加 HDPE 塑料膜进行防渗处理,完成防渗面积 12.6 万 m²。该项目是世界上第一道在高温、盐水环境下施工的防渗墙。自凝灰浆的 28d 抗压强度为 0.54MPa,90d 抗压强度为 0.81MPa,28d 渗透系数为 2.73×10^{-7} cm/s,90d 渗透系数为 1.35×10^{-7} cm/s。其配合比见表 4-15。

表 4-15　约旦 APC 钾盐厂晒盐池堤防防渗墙泥浆和自凝灰浆配合比

膨润土泥浆配合比/(kg/m³)			自凝灰浆配合比/(kg/m³)			
水	膨润土	密度/(g/cm³)	泥浆	水泥	缓凝剂	密度/(g/cm³)
983	49	1.025~1.03	947	253	5.3	1.20

　　2. 固化灰浆

　　固化灰浆是在槽段造孔完毕后,向泥浆中加入水泥等固化材料,砂子、粉煤灰等掺和料、水玻璃等外加剂,经机械搅拌或压缩空气搅拌后形成的固结体。

　　泥浆固化工艺有原位搅拌法和置换法。当采用原位搅拌法时,固化灰浆的密度宜为 1.3~1.5g/cm³;当采用置换法时,固化灰浆的密度不宜小于 1.7g/cm³。

　　配制固化灰浆的泥浆,其黏度宜为 38~58s(马氏漏斗黏度),其密度应根据固化灰浆的配合比控制。固化灰浆单位体积的水泥用量不宜少于 200kg/m³,砂的用量不宜少于 200kg/m³,水玻璃用量宜为 35kg/m³ 左右;新拌混合浆液失去流动性的时间不宜少于 5h,固化时间不宜大于 24h。

　　某工程用原位搅拌法施工的固化灰浆配合比见表 4-16;置换法施工的固化灰浆配合比见表 4-17。固化灰浆物理力学性能见表 4-18。

表 4-16　　　　　　　原位搅拌法固化灰浆配合比　　（单位：kg/m^3）

护壁泥浆	水泥	水	水玻璃	粉煤灰	砂	外加剂	泥浆/L	备注
黏土浆	200	80.3	35	27	143	0.54	770	泥浆密度 1.30g/cm^3
膨润土浆	250	90.0	36	30	160	0.60	760	泥浆密度 1.15g/cm^3

表 4-17　　　　　　　置换法固化灰浆配合比　　（单位：kg/m^3）

水泥	黏土	水	粉煤灰	砂	外加剂
160～200	60～200	400～600	40～60	500～800	适量

表 4-18　　　　　　固化灰浆物理力学性能

固化灰浆 类型	容重 /(g/m^3)	抗压强度 R_{28}/MPa	弹性模量 E_{28}/MPa	变形模量 E_1/MPa	渗透系数 K_{28}/(cm/s)	抗剪强度	
						C/MPa	φ/(°)
黏土浆	1.4～1.7	0.5～1.0	80～500	50～200	10^{-7}～ 10^{-8}	0.12～ 0.21	30～ 40
膨润土浆	1.3～1.4	0.3～0.5	50～100	30～80	10^{-6}～ 10^{-7}	0.08～ 0.17	20～ 30

四、掺加混合材料注意事项

1. 黏土

一般采运到工地的黏土都成块状,如果直接加入混凝土中,不易被搅拌开,含水量也不易控制。为此,有些施工单位采用晒干、粉碎、过筛等办法处理后干掺黏土粉,取得了较好的效果;但成本大为增加。最好的办法是将黏土先制成泥浆,拌制混凝土时以泥浆的形式湿掺黏土;但应注意加水时扣除泥浆中的水分,同时还要使贮浆池内的泥浆保持均匀,否则会影响混凝土配合比。受混凝土加水量和泥浆浓度的限制,泥浆携带黏土的数量可能不够,不够的部分可用干掺黏土粉的办法补足。

2. 膨润土

膨润土最好也制成泥浆加入混凝土中,如无条件也可干掺或部分干掺。但要注意不要受潮结块,不要与水同时加入。最好是水泥、膨润土和砂、石等搅拌均匀后,再加水搅拌,否则膨润土易结块,也易粘糊料罐和拌和机。拌和塑性混凝土一定要用强制式拌和机,搅拌时间应适当延长。

3. 粉煤灰

混凝土中掺加粉煤灰可采用干掺法或湿掺法。当采用干掺法时,粉煤灰的含水量不宜大于 1.0%。当采用湿掺法时,需与外加剂一起配制成均匀浆体使用。

外加剂对粉煤灰与水泥的综合适应性及外加剂的掺量应通过试验确定。

粉煤灰混凝土拌和物的搅拌时间应比不掺粉煤灰的混凝土延长 10~30s。

温度过低会影响大掺量粉煤灰混凝土的凝结,因此应当尽量避免在低温环境中浇筑粉煤灰混凝土。

第五章

混凝土防渗墙施工机械

第一节 造 孔 机 械

一、钢绳冲击式钻机

钢绳冲击式钻机(简称冲击钻)通过钻头向下的冲击运动破碎地基土,形成槽孔。它不仅适用于一般的软弱地层,也可适用砾石、卵石、漂石和基岩。钢绳冲击钻机结构简单,操作、维修和运输方便,价格低廉。因此,尽管效率较低,仍在我国水利水电和其他行业的中小工程中被普遍采用。

1. 钢绳冲击钻机的技术性能

我国使用的钢绳冲击钻机主要型号有 CZ-22、CZ-30、CZ-6A 和 ZZ-6A 型等,CZ-6A 型钢绳冲击钻机结构型式如图 5-1 所示,不同型号钻机主要技术性能见表 5-1。各厂也都有一些改进的型号,技术性能稍有差别。

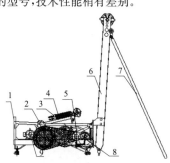

图 5-1 CZ-6A 型钢绳冲击钻机

1—机架;2—主卷扬;3—冲击大齿轮;4—冲击臂;5—主轴;6—桅杆;
7—支腿;8—副卷扬;9—电机

表 5-1　　　　常用冲击式钻机的主要技术性能

型号	CZ-22	CZ-30	CZ-6A	ZZ-6A
开孔直径/mm	710	1000	400～1800	2000
钻具的最大重量/kg	1300	2500	5500	6000
钻具的冲程/m	1.00～0.35	1.00～0.50	1.0	
钻进冲击次数/(次/min)	40,45,50	40,45,50	36～45	36～40
钻进深度/m	150	180	200	80～300
工具、抽砂、辅助卷扬起重力/kN	20,13,15	30,20,30		
工具卷筒平均绳速/(m/s)	1.1～1.4	1.1,1.25, 1.42		
抽砂卷筒平均绳速/(m/s)	1.2～1.6	1.21,1.38, 1.68		
辅助卷筒平均绳速/(m/s)	0.80～1.00	0.95～1.22		
工具卷筒钢丝绳直径/mm	21.5	26.0		
抽砂卷筒钢丝绳直径/mm	15.5	17.5		
辅助卷筒钢丝绳直径/mm	15.5	21.5		
工具卷筒容绳量/m	250	350		
抽砂卷筒容绳量/m	250	350		
辅助卷筒容绳量/m	135	210		
桅杆高度/m	13.5	16.0		8.0
桅杆起重量/t	12.0	25.0		
电机功率/kW	30	40	75	75
电机转速/(r/min)	975	735		
钻机重量/t	6.87	11.15	11.0	10.5
工作状态的外形尺寸(长×宽×高)(mm×mm×mm)	5600×2300 ×14000	7700×2840 ×16000		2280×5000 ×2750
牵引速度/(km/h)	20	20		

2. 钻具

(1)钻头。冲击钻头可分为十字钻头、空心钻头、圆钻头和角锥钻头等。在防渗墙施工中常用十字钻头和空心钻头

（图 5-2）。空心钻头主要用于钻进黏土层、砂土层和壤土层等松软地层，钻进时阻力小，切削力大，重心稳。十字钻头用于砂卵石层、风化岩层、卵石、漂石以及基岩等。两种钻头的技术参数见表 5-2 和表 5-3。

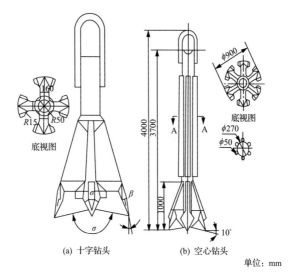

(a) 十字钻头   (b) 空心钻头

单位：mm

图 5-2   冲击式钻头

表 5-2   十字钻头与空心钻头的技术参数

钻头名称	钻头直径 /mm	底角 /(°)	摩擦角 /(°)	摩擦面宽度/mm	水口宽度 /mm	冲击刃角/(°)	底刃厚度/mm
十字钻头	830～850	160～170	10～15	250～300	220～240	60	10～20
空心六角	880～900	140～150	10～15	200～250	180～200	60	10～20
空心八角	880～900	140～150	10～15	170～200	140～150	55	10～20
空心十角	880～900	140～150	10～15	150～170	120～140	55～60	10～20

（2）钢丝刷。又称钢丝刷钻头（图 5-3），是用于对墙段接缝缝面进行刷洗，以清除泥皮的工具。一般用废旧十字钻头或工字钻头加工而成。

（3）抽砂筒。抽砂筒（图 5-4）是抽排孔底沉渣的工具。钻机型号和钻孔直径不同，所用抽砂筒的规格也有所不同。

表 5-3   钻进不同土质时十字钻头的参数

土质	冲击刃角 α/(°)	摩擦面角 β/(°)	摩擦角 γ/(°)	底角 φ/(°)
黏土、细砂	70	40	12	160
堆积层砂卵石	80	50	15	170
坚硬漂卵石	90	60	15	170

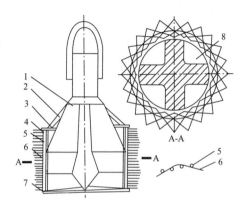

图 5-3   钢丝刷钻头

1—旧十字钻头体；2—固定拉杆；3—上圆盘；4—钢丝固定压条；

5—钢丝穿编龙骨；6—钢丝；7—下圆盘；8—水道口

3. 施工效率

CZ-30 型冲击钻机按进尺计算的钻进平均工效（墙厚 0.8m，墙深 60m 以内）见表 5-4，可供参考。

二、冲击式反循环钻机

冲击式反循环钻机适用软土、砂砾石、漂卵石和基岩等多种地层。冲击式正循环钻机国内用得很少。

反循环抽渣方式有泵吸、气举及射流三种。泵吸法一般适用于孔深 50m 以内的钻孔，此时效率较高。深孔用气举法较好，30m 以内钻进效率较差。射流反循环在孔深 50m 以内效果较好。一般多用泵吸与气举反循环配合使用。

1. 主要技术性能

冲击式反循环钻机的工作原理如图 5-5。CZF-1200 型

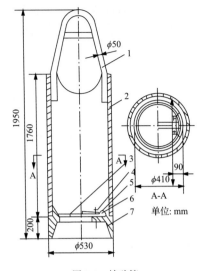

图 5-4 抽砂筒

1—提梁;2—筒体;3—底活门;4—螺栓;5—铰链;6—销轴;7—管靴

表 5-4 **CZ-30 型钻机钻进平均工效一览表** [单位：m/(台·班)]

地层	黏土	砂壤土	粉细砂	砾石	卵石	漂石	基岩	混凝土接头
平均工效	3.5	4.70	1.50	3.70	2.30	0.70	0.80	5.03

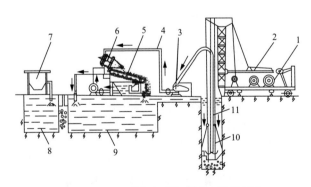

图 5-5 CZF 型冲击式反循环钻机工作原理图

1—同步双筒卷扬;2—曲柄连杆冲击机构;3—砂石泵;4—循环管路;5—振动筛;
6—旋流器;7—制浆站;8—储浆池;9—循环浆池;10—钻头;11—排渣管

冲击式反循环钻机的外形结构如图 5-6。部分国产冲击反循环钻机的技术性能见表 5-5。

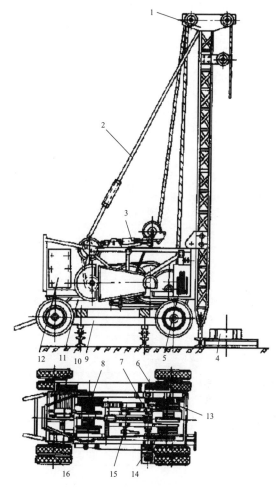

图 5-6　CZF-1200 型冲击反循环钻机

1—桅杆；2—支撑杆；3—缓冲系统；4—孔口机构；5—操纵系统；6—传动系统；
7—主传动轴；8—同步双筒卷扬；9—平台车；10—电动机；11—底盘机架；
12—电器箱；13—副卷扬；14—辅助卷扬；15—冲击机构；16—行走系统

表 5-5　　部分国产冲击式反循环钻机主要技术性能

主要性能 \ 机型	CZF-1200	CZF-1500	GJD-1500
一、基本性能			
最大造孔直径/mm	1200	1500	1500(岩);2000(土)
最大造孔深度/m	80	100	50
最大冲击行程/mm	1000	1000	100~1000
冲击频数/(次/min)	40	40	0~30
主电动机功率/kW	30	45	37~45
钻机重量/t	8.3	12.5	15.7
外形尺寸(长×宽×高)/(m×m×m)	5.8×2.33×8.5（工作时）8.5×2.33×2.8 运输时	6.6×2.84×10（工作时）10×2.84×3.6 运输时	5.04×2.36×6.38（工作时）
二、同步平衡双筒卷扬			
提升能力/kN	20	30	39.2
提升速度/(m/s)	1.5	1.6	4.08
钢绳直径/mm	19.5	24.0	
三、副卷扬			
提升能力/kN	26	40	
提升速度/(m/s)	0.65	0.61	
钢绳直径/mm	15.5	17.0	
四、辅助卷扬			
提升能力/kN	15	30	
提升速度/(m/s)	0.81	0.95	
钢绳直径/mm	15.5	15.5	
五、排渣系统			
6PS-210 型砂石泵组			
流量/(m³/h)	180	210	180
扬程/m	16		
吸程/m	8		

主要性能 \ 机型	CZF-1200	CZF-1500	GJD-1500
砂石泵电机/kW	30		
3PNL 泵流量/(m³/h)	108		
配用电机/kW	22		
配用钻杆内径/mm	150		150
重量/kg	1600		
外形尺寸/(mm× mm×mm)	1750×1400×1010		
六、泥浆净化机	JHB-100	JHB-200	
上层筛网除泥沙/(t/h)	1.8～2.2(200目)		
下层筛网处理泥浆 /(m³/h)	150～220(74μm)		200
总功率/kW	17.2		
重量/kg	2450		
外形尺寸/(mm× mm×mm)	3187×1753×3200		
七、钻头形式	套筒阶梯式、双层弧式、双反弧式等		冲击、刮刀、滚刀
直径/mm	600～1500		≤1500;≤1500; ≤2000
重量/t	1.2～3.0		2.94

2. 钻头

冲击反循环钻机所使用的钻头有套筒式阶梯钻头、套筒式双层弧板圆钻头、套筒式平底六角钻头和双反弧冲击钻头(图 5-7)等。

3. 钻进工效

CZF-1200 型冲击反循环钻机造孔平均工效见表 5-6。

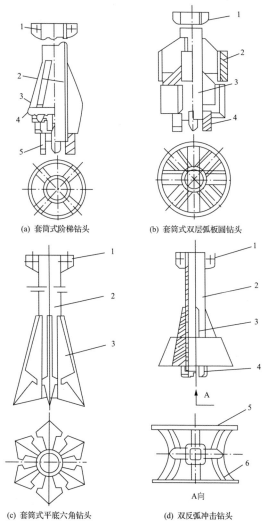

(a) 套筒式阶梯钻头　　　　　(b) 套筒式双层弧板圆钻头

(c) 套筒式平底六角钻头　　　　(d) 双反弧冲击钻头

图 5-7　冲击反循环钻机用钻头

(a) 1—吊耳;2—芯管;3—冲击刃板;4—冲击圆环;5—超前冲击刃;(b) 1—吊耳;
2—弧形冲击刃;3—芯管;4—超前冲击刃;(c) 1—吊耳;2—芯管;3—冲击刃板
(d) 1—吊耳;2—芯管;3—冲击刃板;4—超前冲击刃;5—侧刃板;6—双反弧冲击刃

表5-6

CZF-1200型冲击反循环钻机造孔平均工效

试验或施工地点	地层	桩(槽)孔尺寸/m	深度/m	纯钻效率/[m/(台·d)]	平均工效/[m/(台·d)]
河南小浪底	粉细砂、漂卵石、砂岩	0.8×5.4 槽孔	68.0	10.02	6.38
三峡一期围堰	风化砂、粉细砂、块球体、花岗岩	0.8×(4.8~6.8)槽孔	平均32.0	11.52	7.06
		0.8 主孔和1.2 副孔各一个	22.0	15.96	11.23
四川冶勒水电站	粉质壤土、黏土、钙质胶结砾岩	1.0 桩孔	101.4	6.54	4.09
		1×5.4 槽孔	100.0	6.21	2.22
三峡杨家湾码头上沉桩	粉细砂、砂夹块石、斜长花岗岩	0.8 槽孔	15.0	26.1	24.15
昆明新荼花宾馆连锁支护墙	人工填土、黏土碎石土、黏性土夹粉砂	0.9 墙厚	24.5	45.2	20.0
北京地铁(东单、王府井站)灌注桩	砂卵石、亚黏土、细砂	1.25 桩孔	28.5	14.7	6.33

三、回转式钻机

回转式钻机包括回转正循环钻机和回转反循环钻机。使用回转式钻机在我国建造防渗墙的工程实例不多。浙江横山水库、内蒙古察尔森水库等工程采用回转式钻机进行防渗墙造孔的工效如表 5-7。

表 5-7　　　　　　　回转式钻机造孔工效

工程名称	地层	钻机型号	使用钻头类型	深度/m	平均工效/[m/(台·d)]
浙江横山水库防渗墙	黏土心墙	GPS 回转正循环	加重导向刮刀	72	36.00
内蒙古察尔森水库防渗墙	砂卵石层	ZWY-550 回转反循环	三翼式刮刀	20	28.15

四、抓斗挖槽机

抓斗挖槽机(简称抓斗)适用的地层比较广泛,除大块的漂卵石、基岩以外,一般的覆盖层均可。不过当地层的标准贯入度 N 值大于 40 时,使用抓斗的效率很低。对含有大漂石的地层,需配合采用重锤冲击才可完成钻进。

抓斗挖槽也用泥浆护壁,但泥浆不再有悬浮钻渣的功能,用量较少。

抓斗结构比较简单,易于操作维修,运转费用较低,在较软弱的冲积层中造墙被广泛应用。各种抓斗可挖掘宽度为 30～150cm。

1. 抓斗的规格和技术性能

根据抓斗结构和工作原理的不同,抓斗分为钢绳抓斗和液压抓斗。

抓斗由斗体和主机两大部分组成。主机是一台履带式起重机,钢绳抓斗履带起重机单绳的起重力应不小于 120kN;液压抓斗的履带起重机配置液压系统。许多抓斗自身配有测斜和纠斜装置,能够通过传感器和液压系统感知和纠正斗体的偏斜。

近年来,上海金泰公司自行研制生产的 SG 系列液压抓斗,具有很强的竞争力,替代了国外同类产品,已经在国内市场得到大量推广应用,取得了良好的效果。SG 系列液压抓斗如图 5-8 所示,主要技术参数见表 5-8。

图 5-8　SG 系列液压抓斗

　　钢丝绳抓斗较多采用 HS 系列液压履带式吊车配以专用斗体,可以根据工程需要设计斗体的重量、结构形式等参数,具有更好的适用性。在西藏旁多水利枢纽大坝防渗墙施工中,经过改装的 HS 系列钢丝绳抓斗施工深度达到了158m,是目前国内国际已完成工程施工中抓斗造孔的最大深度。HS 系列钢丝绳抓斗主机主要技术参数见表 5-9。

表 5-8　　　　　SG 系列液压抓斗主要技术参数

型号	SG30	SG35	SG40A	SG-46	SG-50	SG-60
成槽宽度/m	0.35~1.2	0.3~1.5	0.34~1.5	0.35~1.2	0.3~1.5	0.6~1.5
成槽深度/m	60	70	70	75	80	100
最大提升力/kN	300	350	400	460	500	600
卷扬机单绳拉力/kN	160	200	220	2×230	2×250	2×300
发动机额定输出/kW	194	194	250	263	263	298
系统压力/MPa	30	30	30	33	33	33
系统流量/(L/min)	2×260	2×260	2×280	2×380	2×380	2×380
抓斗重量(不含斗体)/t	9~15	9~18	9~18	15~22	15~26	15~30
主机重量/t	49.5	53	55	69	87.1	92.1
发动机最大转速/(r/min)	2200	2200	1900	1900	1900	1800
履带外侧距离/mm	3200~4300	3200~4300	3000~4300	3300~4400	3400~4600	3450~4600
履带板宽度/mm	800	800	800	800	800	800
牵引力/kN	500	500	500	500	700	700
行走速度/(km/h)	2.0	2.0	2.0	1.5	1.5	1.5

表 5-9　　　　　HS 系列钢丝绳抓斗主机主要技术参数

型号	HS843 HD	HS855 HD	HS875 HD
成槽宽度/m	0.3~1.5	0.3~1.5	0.3~1.5
成槽深度/m	90	130	130
最大起重能力/t	60	90	100
卷扬机单绳拉力/kN	200	250	300
发动机额定输出/kW	400	450 或 670	450 或 670
最大工作压力/MPa	35	35	35
主机重量/t	60	90	96.4

　　为适应浅墙和薄墙施工的需要,近年有些单位生产了步履型和轨道型的抓斗,这种简易抓斗不用配备履带式起重

机,降低了施工成本。

2. 抓斗的效率

抓斗的效率随抓斗的种类和地层的情况有所不同。若干工程使用抓斗建造防渗墙的工效见表 5-10。

表 5-10　若干工程使用抓斗建造防渗墙的工效

工程名称	地质条件	抓斗型号	工效/(m²/d)	备注
黄河小浪底主坝防渗墙	砂卵砾石、漂石夹粉细砂	意 BH-12 型导杆抓斗	39.0	两钻一抓法,深 60～70m
承德武烈河橡胶坝防渗墙	砂卵砾石层	日 MHL-80120 型液压导板抓斗	90.0	两钻一抓法,深 14.55m
山东洪滩水库防渗墙	均质亚黏土层	日 MHL-80120 型液压导板抓斗	117.0	两钻一抓法,深 7m
湖北王甫洲围堰防渗墙	中细砂和含小砾的砂砾石地层	意 BH-12 型导杆抓斗	82.2	
		日 MHL-80120 型导板抓斗	56.4	
		国产 GSD-600 型钢绳抓斗	36.2	
郑州龙湖调蓄工程防渗处理	壤土、砂壤土层和中砂、细砂层	SG46	140.4	纯抓法平均深度 38m
		SH400C	81.8	
		GB34	75.7	

五、槽孔掘进机

槽孔掘进机(Trench Cutters,曾用名碾磨机、液压铣槽机、双轮铣等)是 1973 年由法国索列丹斯公司首先研制成功的,现在法国、德国、意大利和日本等国家都有生产。我国于 1996 年首次引进了一台槽孔掘进机用于长江三峡二期围堰防渗墙施工。这种机械适用于均质的地层,包括比较坚硬的岩层。但不适用于漂卵石地层或疏松层内夹有大块石(卵石)的地层。

1. 槽孔掘进机的构造和工作原理

槽孔掘进机成套设备(图 5-9)由起重机、掘进头、泥浆站三大部分组成。槽孔掘进机造孔施工的工艺流程如图 5-10 所示。泥浆站包括制浆站、储浆池、筛分除砂设备。

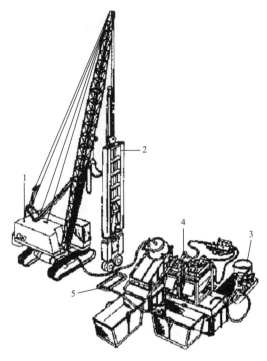

图 5-9　槽孔掘进机成套设备
1—起重机；2—掘进头；3—制浆机；4—泥浆处理系统；5—槽孔

2. 主要技术规格性能

槽孔掘进机的型号规格很多，可挖掘槽孔的宽度（墙厚）为 0.4～3.2m，一次挖槽长度为 2.2～3.2m，挖槽深度最大已达到 150m。槽孔掘进机的机体尺寸小的仅为 2.0m×2.5m×5.0m（长×宽×高），可适应狭窄空间施工的需要。长江三峡开发总公司引进德国宝峨（BAUER）公司的 BC30 型槽孔掘进机及其配套的泥浆站的规格和技术性能见表 5-11 和表 5-12。

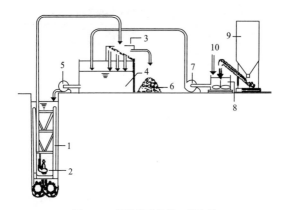

图 5-10　槽孔掘进机的工艺流程

1—槽孔掘进机；2—泥浆泵；3—除砂装置；4—泥浆罐；5—供浆泵；
6—筛除的钻渣；7—补浆泵；8—泥浆搅拌机；9—膨润土储料桶；10—水源

表 5-11　　BC30 型槽孔掘进机的主要技术性能

项目	指标	项目	指标	项目	指标
A. 起重机		B. 掘进头		C. 液压站	
起重机型号	BS110	钻铣深度/m	80	液压站型号	H7475
发动机型号（水冷型卡特彼勒）	3176B	铣槽长度/mm	2790	主液压泵流量/(L/min)	2×170，1×143
		铣槽宽度/mm	640～2200		
功率/kW	297	掘进头高度/m	15.4	最大工作压力/MPa	30
主卷扬/kN	160	最大扭矩/(kN·m)	2×81	功率/kW	235
提升速度（单绳）/(m/min)	0～60	铣轮转速/(r/min)	0～25	重量/t	8.9
		导向装置	有		
钢绳直径/mm	26	砂石泵口径/mm	152.4		
掘进机总高/m	24	砂石泵流量/(m³/h)	450		
起重机自重/t	100	掘进头自重/t	35		

表 5-12 **BC30 型槽孔掘进机泥浆站的规格和技术性能**

项目	指标	项目	指标	项目	指标
型号	BE500	泥浆含砂率	<18%	筛网规格 /mm	5×5, 0.4×25
泥浆处理能力 /(m³/h)	500	泥浆泵/台	2		
泥浆密度 /(t/m³)	≤1.80	振动电机/台	6	重量/t	14.5
泥浆马氏漏斗黏度/s	<40	装备功率/kW	94		

3. 钻进效率

据资料介绍,该机对于抗压强度 250MPa 以下的岩层均可钻掘,强度为 50MPa 的石灰岩,钻掘速度一般为 5m²/h,强度为 25MPa 的砂岩,钻掘速度可达 8m²/h。在疏松的地层,槽孔掘进机挖槽速度极快,例如在砂层或砂卵石层,一般可达 20m²/h,最快 40m²/h。

槽孔掘进机在长江三峡工程二期上游围堰防渗墙施工中的效率见表 5-13。

表 5-13 **BC30 槽孔掘进机在三峡二期围堰防渗墙的施工效率**

地层	成槽工效		
	纯钻/(m²/h)	生产/[m²/(台·班)]	平均/[m²/(台·d)]
风化砂	16.96	93.60	155.01
淤积砂	10.54	74.32	176.33
块石、块球体	2.19	11.93	20.77
强风化基岩	1.52	7.55	14.96
弱风化基岩	1.22	4.57	6.66
综合	5.32	23.85	33.51

六、其他造孔机械

为适应堤防防渗工程的需要,近年来我国开发了多种施工浅槽孔薄防渗墙的钻孔机械。

1. 射水成槽机

该机以高压射水冲击破坏土体,土渣与水混合回流溢出地面,或反循环抽出,经矩形成槽箱修整后形成槽孔。造孔过程中采用自然泥浆固壁,成槽后用直升导管法浇筑混凝土成墙。射水成槽机主要由正反循环泵组、成型器和拌和浇筑机组成。它的构造见图 5-11,其技术性能,各厂家的产品略有不同,表 5-14 所示为 CSF30 型射水成槽机主要技术性能。该机主要适用于粒径不大于 10cm 的细颗粒地层,其成墙深度不超过 30m、厚度不超过 0.5m、垂直偏差小于 1/300。一般工效为 $100\sim120m^2/(台 \cdot d)$,高峰时可达 $150\sim200m^2/(台 \cdot d)$。

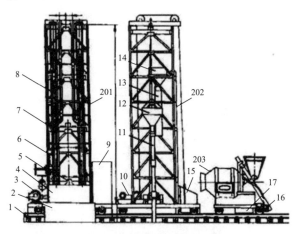

图 5-11　射水法成槽机的主要构造

1—铁轨枕木;2—护筒;3—8sh-P 水泵;4—成形器;5—22kW 卷扬机;
6—上水管;7—机械手;8—下水管;9—配电柜;10—7.5kW 卷扬机;
11—混凝土导管;12—混凝土下料斗;13—混凝土斜槽;14—混凝土接料斗;
15—混凝土料桶;16—行走轮;17—混凝土搅拌机水箱;201—造孔机;
202—混凝土浇筑机;203—混凝土搅拌机

2. 锯槽机

锯槽机是通过锯管的上下往复运动,以锯齿刻取土体,形成连续的沟槽,再浇筑墙体材料成墙,见图 5-12,技术性能见表 5-15。该种机械适宜于含少量砾石,最大粒径不大于 80mm、标贯击数 N 不大于 30 的地层,以及对墙底高程无严格要求的悬挂式防渗墙。当槽底有起伏不平的岩面、陡坡时,施工难度大。

表 5-14

射水成槽机技术性能

项目		型号	性能指标
泵组	灰渣泵	4PH60	180~288m³/h
	砂石泵	6BS	180m³/h
成型器	重量		1.1~1.7t
	宽度		18~45cm
	长度		200cm
卷扬	主卷扬	JKZ5	5.0t
	副卷扬	JK0.5	0.5t
	电动葫芦	CD₁3-6	3.0t
混凝土搅拌机		JZM350	8~12m³/h
整机	冲击行程		1.5m
	冲击频率		10~30 次/min
	造孔深度		30m
	功率		165kW
	尺寸		13.5m×4.2m×7.5m
	重量		16t

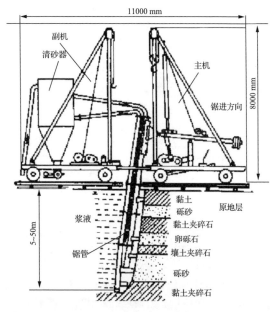

图 5-12 锯槽机工作示意图

表 5-15 锯槽机技术性能

项目	性能参数	项目	性能参数	项目	性能参数
锯槽宽度/mm	200～500	起吊能力/kN	180	发电机组/kW	200
锯槽深度/m	5～50	轨距/mm	2500	外形尺寸	6.0×2.0×
行程/mm	650,750	切削驱动电机	Y280S-4	/(m×m×m)	3.0(运输)
反循环泵 6BS/(m³/h)	180	功率/kW	75	整机重量/t	22
扬程/m	12	转速/(r/min)	1500		

锯管上下运动的频率决定锯槽机工作的平稳性和锯槽效率。根据经验,锯管运动的频率以 25～30 次/min 为宜。锯槽机适宜的施工深度为 15～30m,最大成槽深度 50m,成槽宽度为 0.1～0.4m。在 20m 以内借助辅助的推力装置可以取得较快的锯进效果,一般锯槽效率为 120～360m²/(台·d)。

锯槽成墙所用的材料一般为固化灰浆,便于实现连续施工。

3. 链斗式挖槽机

悬臂式链斗挖槽机是通过串联的链条及链条上的链斗,对地层进行连续挖掘和排出钻渣,形成沟槽,见图 5-13。挖掘好的沟槽中可以浇筑混凝土或其他墙体材料,也可以铺设土工膜。

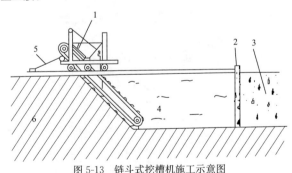

图 5-13 链斗式挖槽机施工示意图

1—链斗式挖槽机;2—隔离膜袋;3—已浇筑混凝土;4—正挖槽的槽孔;
5—牵引绳;6—地层

该设备适于在砂壤土中施工,土层中夹杂的卵石粒径应小于130mm。其最大挖槽深度12m,槽宽0.15~0.30m。挖掘的槽孔宽度一致,连续性好,工效较高,平均工效450~600m²/d。

第二节 泥浆制备、输送及处理设备

一、泥浆搅拌设备

防渗墙泥浆主要由黏土或者膨润土加水拌制而成,泥浆搅拌设备根据搅拌介质采用不同的结构形式。

1. 黏土泥浆的搅拌设备

采用工程所在地附近的黏土制浆时,一般使用卧式泥浆搅拌机。卧式泥浆搅拌机的机械性能见表5-16。

表5-16　　　　　卧式泥浆搅拌机的机械性能

型号/容量	搅拌轴转数 /(r/min)	功率 /kW	传动形式	外形尺寸(长×宽×高) /(mm×mm×mm)
2m³	80	13	平皮带	3100×1250×1650
4m³	108	30	三角皮带	3305×1400×1836

2. 膨润土泥浆的搅拌设备

膨润土泥浆的搅拌设备有回转式搅拌机、旋流式搅拌机和水力搅拌机。三种搅拌机中后两种生产效率高,搅拌质量好。施工中常用的是回转式搅拌机和旋流式搅拌机,其技术规格见表5-17、表5-18。

表5-17　　　　　回转式搅拌机的技术规格

型号	结构形式	容量 /m³	功率 /kW	转数 /(r/min)	重量 /kg	外形尺寸(高× 宽×长) /(mm×mm×mm)
MCF-2000	单罐式	2.0	15	550~650	1200	2100×1550×1940
MS-1500	双罐并列式	1.2×2	18.5×2	300	850	2100×1550×2600
MH-2	双罐并列式	0.39×2	3.7	1000	450	3470×950×2000
BJ-400	单罐式	0.4	10.5	60	275	1193×880×1670
BJ-650	双罐并列式	0.65×2	4.0	30	617	1500×880×1493

表 5-18 旋流式高速搅拌机的技术规格

型号	容量 /L	功率 /kW	转数 /(r/min)	生产能力 /(m³/h)	重量 /kg	外形尺寸(长×宽×高) (mm×mm×mm)
ZJ-400	400	5.5		4.5	360	1200×920×1570
ZJ-800	800	15		10	680	1670×1600×1720
XL-1500	1500	22	1470	18	1086	2950×1300×1800

根据工程项目具体施工条件选择适宜的泥浆搅拌设备，应特别注意以下几点：

(1) 泥浆的技术性能要求；

(2) 搅拌效率高；

(3) 便于操作且可靠性高；

(4) 噪声低，环保性能好；

(5) 体积小，便于搬运和安装。

二、泥浆泵

在不具备自流供浆条件时，采用泥浆泵输送泥浆。常用的泥浆泵规格性能见表 5-19。

表 5-19 常用泥浆泵的规格性能

泵型号	流量/(m³/h)	扬程/m	转数/(r/min)	功率/kW	重量/kg
2PN	30	22	1450	11	150
2PNL	47	19	1450	11	250
3PN	54	26	1470	22	450
3PNL	108	21	1470	22	280
4PN	150	39	1470	55	1000
6PN	280	26	980	75	1200

三、泥浆净化设备

泥浆净化设备主要由控制柜、旋流器、振动筛总成、渣浆泵系统、储浆槽和机架组成。泥浆净化机的基本结构型式如图 5-14 所示。

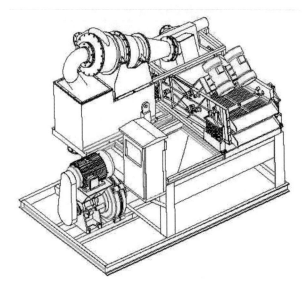

图 5-14　泥浆净化机结构示意图

振动筛一般为双层结构,两层筛网的孔径不同。一般用振动筛筛除粒径 0.77mm（20 目）以上的卵砾石、砂粒和土块,这是泥浆机械净化的第一道工序;粒径较小的粉细砂采用旋流器处理。几种振动筛的规格性能见表 5-20。

表 5-20　　　　　　　　　振动筛的规格性能

型号	处理能力 /(m³/h)	振动频率 /(r/min)	动力 /kW	质量 /kg	尺寸（长×宽×高） /(mm×mm×mm)
日本利根 LWM-8S	300	900	11		3150×2200×3050
德国 BAUER BE-250	250	1040～2040	2×2		3700×2250×2350
国产 ZX-200 型	150～200	960	48	4800	3600×2250×2830
国产 JHD-200 型	200	1450	48	4500	3600×2400×2800

已过筛的泥浆沿旋流器圆周切线方向送入旋流器内,在泵压（0.2～0.25MPa）的作用下,混合浆液在旋流器内高速

旋转,由于砂粒的比重大于泥浆的比重,砂粒在较大离心力的作用下,趋向于沿旋流器的外壁旋转并下降、排出,比重较小的泥浆则从中部的溢流管向上流出。旋流器的尺寸取决于泥浆的处理量、黏度、比重和含砂量,可通过调节底阀开度大小来调节旋流器的处理效果。几种旋流除砂的规格见表 5-21。

表 5-21 水力旋流除砂器的规格性能

型号	圆筒内径/mm	供浆连接管管径/mm	溢流连接管管径/mm	处理能力/(m³/h)	入口口径/(mm×mm)	溢流管口径/mm	底流管口径/mm
日本三菱 MD-6	150	75	75	4.2～37.2	36×48,24×48,12×48,12×24	50,38,20	44,32,20
日本三菱 MD-9	230	100	100	11.4～86.4	50×80,36×48,23×80,10×80	76,58,30	66,48,30
中国 JHB-100	250	100	100	90		76	20,30

第三节　混凝土设备

一、混凝土搅拌站

为保证混凝土的正常供应,大部分防渗墙工程需要新建混凝土搅拌站。

1. 搅拌站类型

按照搅拌站自动化程度,可分为全自动化搅拌站和半自动化搅拌站。全自动化混凝土搅拌站采用机械供料,自动称量、搅拌,自动放料系统,如图 5-15 所示。半自动化混凝土搅拌站可采用人工供料,自动称量、搅拌,人工放料系统,如图 5-16 所示。部分国内生产的自动化混凝土搅拌站的主要技术性能见表 5-22。

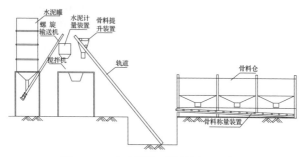

图 5-15 全自动混凝土搅拌站布置示意图

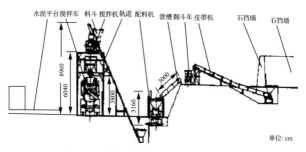

单位:cm

图 5-16 半自动混凝土搅拌站布置示意图

表 5-22 部分国产自动化混凝土搅拌站的主要技术性能

	型号	2×250 型	HZS-25 型	HZS30 型	HZS50 型	HZW55 型
搅拌站	最大生产率 /(m³/h)	20	25	30	50	55
	外形尺寸 /(m×m×m)		7.57× 2.45× 2.47	8.82× 8.06× 7.26		
	重量/t		7.5	13.0	20.0	30.0
搅拌 机组	进出料容量/L	200(进料)	500 (出料)	750 (出料)	1000 (出料)	1500 (出料)
	搅拌主电 机功率/kW		22	总 60	37	总 67
	工作循环时间/s		70	60	72	68

型号		2×250 型	HZS-25 型	HZS30 型	HZS50 型	HZW55 型
水泥输送设备	输送能力/(t/h)			30	30		35
	螺旋输送机电机功率/kW	1.7	2.5	7.5		
砂石输送设备	输送能力/(t/h)			250	96	
	电机功率/kW	4	4	3		
供水系统	供水范围/L		0～99.9	0～160		0～250
	电机功率/kW		1.1	0.75		

2. 搅拌机

混凝土搅拌机是使混凝土混合料得到均匀拌和制成新鲜混凝土的专用机械,是混凝土制备工艺中的主要机械,要求其具有高的搅拌效率和搅拌质量。

国产混凝土搅拌机有自落式和强制式两种。自落式分鼓筒型和双锥型两类;强制式分涡浆式和卧轴式两类。部分国产锥型自落式、卧轴强制式、涡浆强制式混凝土搅拌机的主要技术参数分别见表 5-23～表 5-25。

还有一种双轴圆槽式(又称卧轴式)混凝土搅拌机(见图 5-17),兼有自落和强制两种搅拌性能。1 台额定出料 0.5m³ 的双轴圆槽式搅拌机生产率为 15～20m³/h。

表 5-23   部分国产双锥型自落式混凝土搅拌机的主要技术性能

型号 技术参数	JF750 型	JF1000 型	JF1500 型	JZC350 型	J5A500 型
出料容量/m³	0.75	1.00	1.50	0.35	0.30
进料容量/m³	1.20	1.60	2.40	0.56	0.50
理论生产率/(m³/h)	18.75	25.0	37.5	12.0～14.0	10.0～12.0
搅拌提升功率/kW	2×5.5	2×7.5	2×7.5	7.5	5.5,4.0
最大骨料粒径/mm	120	120	150	60	60
出料方式	倾翻出料			反转出料	

表 5-24　部分国产卧轴强制式混凝土搅拌机的主要技术性能

技术参数	型号							
	单卧轴				双卧轴			
	JW200	JW250	JD350	JDY350	JS350 J₂W350	JQW500	JS500	JS1000
出料容量/m³	0.200	0.250	0.350	0.350	0.350	0.500	0.500	1.000
进料容量/m³	0.300	0.375	0.560	0.560	0.560	0.800	0.800	1.600
理论生产率 /(m³/h)	10～14	12～15	17～21	14～21	14～21	20～24	25～30	50～60
搅拌筒功率/kW	7.5	11.0	13.0	15.0	15.0	17.0	18.5	18.5
最大骨料粒径 /mm	60/40	80/60	40	40	60/40	80/60	80/60	80/60

注："最大骨料粒径"一栏中，分子为卵石粒径，分母为碎石粒径。

表 5-25　部分国产涡桨强制式混凝土搅拌机的主要技术性能

技术参数	型号				
	JQ350 型	JQ500 型	JQ750 型	JQ1000 型	JW375 型
出料容量/m³	0.350	0.500	0.750	1.000	0.250
进料容量/m³	0.560	0.800	1.200	1.600	0.375
理论生产率/(m³/h)	14.0	20.0	30.0	40.0	12.5
搅拌筒额定功率/kW	22	30	40	55	13
最大骨料粒径/mm	40	40	40	40	40/60

注："最大骨料粒径"一栏中，分子为卵石粒径，分母为碎石粒径。

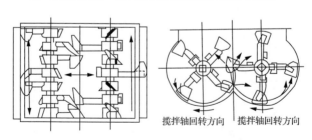

图 5-17　双卧轴强制式混凝土搅拌机

二、混凝土搅拌运输车

混凝土搅拌运输车是在载重汽车底盘上安装一个锥形

的混凝土搅拌装置组成的,可以边运行、边搅拌,在较长运输距离内能保证混凝土不失水、不产生离析。在防渗墙施工中混凝土运输车是比较常用的混凝土运输设备。

国产混凝土搅拌车的技术性能见表 5-26。

表 5-26　部分国产混凝土搅拌输送车的主要技术参数

项　目	JC2A 型	JCY6 型	HCJ5260 GJBSL3	JCD6 型 JCQ6 型	HTM604 型
额定干料容量/L	3000		4500		
最大混凝土成品装载量	4500kg	6m³	6m³	6m³	6m³
混凝土坍落度允许范围/cm	＞8	＞5	＞5		
进料斗口尺寸/ (mm×mm)	1000× 1000	1000× 1000	950× 1000		
搅拌筒直径和长度/ (mm×mm)	2020× 2813	2160× 3500	2100× 3960		
搅拌筒几何容量/L	5700	8900	9800	10200	10200
搅拌筒倾斜角/(°)	18	16	16	15	15
搅拌筒转速/(r/min)	8～12	6～12	0～14	0～14	0～14
卸料斗摆动角/(°)	180	180	180		
汽车发动机型号	6135Q	三菱 FUSD- FV313JMLY	黄河 JN3261/052	斯太尔 1491	三菱 FV415
功率/kW	117.68	205.94	140.48	205	300PS
额定载重量时最大行驶速度/(km/h)		86	81		
外形尺寸(长×宽×高)/ (mm×mm×mm)	7440×2400 ×3400	7875×2490 ×3460	8200×2500 ×3690	6831× 2458	7280× 2480
全机重量/kg	9500	10500	11850	12100	10650

三、混凝土泵及混凝土泵车

1. 混凝土泵

混凝土泵按工作原理可分为以下几种类型:

（1）活塞式混凝土泵，它包括曲柄连杆机构驱动和液压驱动两种形式；

（2）挤压式混凝土泵；

（3）气动输送混凝土泵。

现在广泛采用的是液压驱动的双缸活塞式混凝土泵，该泵采用双缸循环交替工作，能保证混凝土输送的连续性。主要技术性能见表 5-27。

表 5-27　部分国产液压混凝土泵的技术性能

项目	型号	HBT60S-13-90	HBT60S-16-110	HBT80S-13-110
理论混凝土输送量/（m³/h）	低压	60	60	80
	高压	36	35	47
最大运输距离/m	水平	700	1000	700
	垂直	180	250	180
可泵运混凝土坍落度/cm		5～23，最适宜 8～15		
最大骨料粒径/mm		卵石≤50，碎石≤40		
输送缸直径/mm		200		
输送清洁方式		压缩空气冲洗		
液压系统压力/MPa		31.5		
液压油箱容积/L		500		
主油缸径/杆径×行程/mm		125/80×1650	140/90×1650	125/80×1650(1800)
料斗容积/m³		0.6		
料斗高度（轮胎式）/mm		1300		
电机功率/kW		90	110	110
外形尺寸（长×宽×高）/（mm×mm×mm）		4580×1830×1500		
重量/kg		5500	5600	5600

使用混凝土泵输送对混凝土的要求较高，骨料的最大粒径、各级骨料的用量、坍落度、水泥用量、水灰比等均是影响泵送效果的重要参数，如配合比设计不当，管道易被堵塞。

因此,进行混凝土配合比设计工作时严格执行泵送混凝土标准。

2. 混凝土泵车

将混凝土泵安装在汽车底盘上便成为自行式混凝土泵,称为混凝土泵车。

为了浇筑混凝土方便,减少拆卸管道工序,一般在混凝土泵车上安装布料装置。布料装置由转台总成、臂架、臂架液压缸及混凝土输料管等组成,如图5-18所示。各臂节间通过空心销轴联结,相邻两节之间设驱动油缸,以带动两节相对转动;输料钢管贴着臂架布置,通过两节臂架铰点时,管子穿过空心销轴孔,并以活动管接头联结,使之能与臂架一起折转。臂架基节固定在转台总成上,整个臂架可以随转台总成转动,混凝土输料管道通过转台中心与下面的固定管道相连。

带布料装置的混凝土泵车与混凝土搅拌运输车配套使用,也是防渗墙混凝土运输浇筑的一种主要形式。

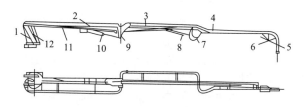

图 5-18　布料装置结构示意图

1—转台;2—下节臂;3—中节臂;4—上节臂;5—软管;6—支架;

7—上铰链;8—上节臂液压缸;9—中铰链;10—中节臂液压缸;

11—臂架输料管;12—下节臂液压缸

第四节　接头管及拔管机

"接头管"法是防渗墙墙段连接的方式之一,接头管和拔管机是完成"接头管"法施工工艺的主要设备。

一、接头管

直径 600mm 以下的接头管一般采用无缝钢管制作,单销或双销连接,30t 以上汽车吊或 100t 级双缸液压拔管机起拔。直径 800～1200mm 的接头管一般用厚 12～16mm 的钢板卷制,多根短销或门式卡块连接,200～350t 级四缸液压拔管机起拔。接头管的分节长度一般为 3～6m,接头管的连接方式应便于接卸操作。接头管各部位的强度必须能够承受可能出现的最大起拔力,直径较大的接头管管内应焊接纵、横筋板予以加强。常用的接头管规格见表 5-28。

表 5-28　　　　　　　接头管的技术规格

接头管直径/mm	500	600	700	800	900	1000	1100	1200
接头管壁厚/mm	10	10	12	12	14	14	16	16
单节管长度/m	3～9	3～9	3～6	3～6	3～6	3～5	3～5	3～5
管节接头重/kg	215	262	310	442	500	560	618	678
每米接头管重 /(kg/m)	145	175	205	253	285	365	403	440

接头管管底应设置既能防止混凝土进入管内,又能便于泥浆进出的活门,该活门应能自动启闭。拔管时混凝土进入管内或管内泥浆不能流出而在管底形成真空,都将导致拔管成孔施工失败。既简单又可靠的方法是:通过管顶滑轮反向,用逐段连接的小钢丝绳和略重于活门的配重自动控制下开式活门;浇筑时在配重作用下活门关闭,混凝土不能进入管内;拔管时管内泥浆的压力超过配重和钢丝绳向上的提拉力,活门开启,管内泥浆流出。也可用弹簧或弹性胶带牵拉的活门。

二、拔管机

拔管机采用液压驱动。

拔管机与接头管之间有顶托和抱紧两种传力方式,抱紧方式的机械化程度高,操作简便,较为先进,但拔管机需增加一套夹紧装置;顶托方式的拔管机结构简单,但接头管上每隔 0.5～1m 需开孔(口)穿销(梁),加工和操作均较繁琐。拔管设备的关键部件和易损件均应有备件。

液压拔管机规格见表 5-29,液压拔管机的结构形式如图 5-19 所示。

表 5-29　　　　　国产液压拔管机的技术规格

液压拔管机型号	BG350/800 型	CE1000 型	YBJ-1200 型	BG200/900 型
标称直径 A/mm	300~800	1000	1200	700~900
最大宽度 B/mm	1800	1900	2200	2000
最大长度 C/mm	1800	2600	2200	2000
最大高度 D/mm	1700	1500	1770	1500
最大压力/MPa	30	30	30	20
工作压力/MPa	20	20	25	16
起拔力/kN	3000	1205	3600	2000
夹紧力/kN	—	1122	2300	1000
拔管提升速度/ (mm/min)	800		580	500
电动机功率/kW	38.5		45.0	22.0
自重/t	3.30	3.75	13.70	5.00

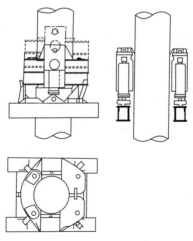

图 5-19　液压拔管机结构示意图

三、接头板

根据槽孔的形状,接头管也可以设计为板状。如采用抓斗挖槽时,槽孔两端不是弧面而接近平面,接头管无法紧贴到一期槽孔的两端,这时可采用一种由若干较小的钢管排列组成的接头板(图 5-20)。此种接头板比圆形接头管更为轻便,其形成的接缝有较长的渗径,对抗渗有利。常用的接头板规格见表 5-30。

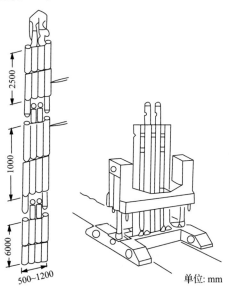

图 5-20　接头板及其拔板机

表 5-30　　　　　　　　　接头板的规格

接头板宽度/mm	500	600	700	800	900	1000	1100	1200
组成接头板的钢管数/个	2	2	3	3	4	4	4	4
钢管直径/mm	168	168	168	168	168	168	168	168
钢管壁厚/mm	12.5	12.5	12.5	12.5	12.5	12.5	12.5	12.5
每米接头板重量/(kg/m)	141	169	197	228	253	282	313	345
每节接头板的接头重/kg	108	112	161	165	214	218	222	226

第六章

混凝土防渗墙造孔

造孔是防渗墙施工中的主要工序,它受地层等自然条件影响最大,是影响工期、工程成本,甚至决定工程成败的重要因素。在防渗墙造孔开始之前,要妥善而周密地做好各项准备工作,避免开钻后因为意外情况而停顿施工作业。开始造孔施工后,要认真、详细地做好各种现场记录,包括造孔记录、基岩鉴定、终孔验收等。

第一节 护 壁 泥 浆

一、泥浆的作用

泥浆的正确使用和泥浆性能的控制是造孔成槽成败的关键。泥浆的功能主要体现在以下几方面:

1. 固壁

泥浆的浆柱压力可抵抗槽壁上的土压力和水压力,并防止地下水渗入槽内;同时,泥浆渗透到地层中的一定范围,黏结该范围内的地层颗粒,并在槽壁表面形成泥皮。这种双重作用减少了槽壁坍塌的可能性。

2. 防止渗漏

防渗墙在施工的过程中,孔内泥浆在浆柱压力的作用下注入地层,堵塞渗漏通道,防止泥浆的大量漏失,使施工能顺利进行。静止状态的泥浆在受压脱水后,具有较高的抗渗性能;防渗墙与两侧的泥皮和泥浆渗入带共同起防渗作用,提高了整体防渗效果。

3. 悬浮和携带钻渣

泥浆具有一定的黏度、屈服值和凝胶强度,可以悬浮一定大小的钻渣而不会沉淀,使钻进得以不断进行,同时钻渣被泥浆携带出孔外。在泥浆的悬浮作用下,钻渣不会大量沉积在孔底影响施工效率。

4. 冷却钻具

开挖过程中,造孔机械的钻具对孔底岩石或土层的冲击、切削、摩擦,很大部分能量转换成热能,使钻具的温度不断升高,而泥浆可对钻具起到润滑作用,降低钻具的温度升高,有利于延长钻具的使用寿命,提高钻进效率。

二、制浆材料

泥浆的主要成分是黏土或膨润土、水和泥浆处理剂。

1. 黏土

泥浆是黏土颗粒(小于 $2\mu m$)分散在水中所形成的溶胶——悬浮体系。黏土的性质对泥浆的性能及化学处理效果均有直接的影响。这里所说的黏土是广义的黏土,包括普通黏土和膨润土。

(1)黏土的成分。黏土的主要成分是黏土矿物(含水的铝硅酸盐);此外,还有不定量的非黏土矿物(如石英、长石等)和少量的有机物及可溶性盐类(如碳酸盐、硫酸盐、硅酸盐、氯化物等)。

(2)黏土矿物。大多数黏土是多种黏土矿物的混合物,常见的黏土矿物有高岭石、蒙脱石、伊利石三种。各种黏土矿物虽然单位晶层的叠置方式不同,但其化学组成却基本相同,它们均属于含水铝硅酸盐。氧化硅含量较高的黏土矿物造浆性能较好。

从水化能力、造浆率、泥浆稳定性等方面来说,黏土矿物的性能由高到低排序是:蒙脱石、伊利石、高岭石。蒙脱石具有较强的水化能力和离子交换能力,在水中的分散性较好,所制泥浆的稳定性也相应较好,同时也便于用化学处理剂调整其性能;伊利石不是易膨胀的黏土矿物,所制泥浆的分散性和稳定性不好;高岭石为非膨胀型黏土矿物,水化能力差,造浆性能不好。

(3)普通黏土。普通黏土的水化作用较小,基本上没有吸水膨胀现象;因此其分散能力较低,造浆性能较差,造浆率只有 $2\sim5m^3/t$。用普通黏土制浆,达到规定的黏度指标需要耗用较多的黏土。各地黏土的性能指标变化较大,一般需加碱处理,必要时采取其他辅助措施。

由于黏土天然产状的多样性和复杂性,为了保证黏土质量,施工前必须先进行黏土料场的勘察,了解其储量;从各深度的黏土层取样,进行颗粒分析和其他物理性质试验,必要时进行化学成分的分析。当有几个料场时,要进行比较评价,选取最适用且便于开采的黏土料场。

有关规范对普通黏土提出了以下要求:

1)在颗粒组成中,黏粒含量(小于 $0.005mm$)大于 45%,含砂量小于 5%;

2)塑性指数大于 20;

3)$SiO_2/(Al_2O_3+Fe_2O_3)$ 为 $3\sim4$;

4)含有较多的亲水阳离子(Na^+、K^+ 等),水溶液呈碱性,$pH\geqslant7$。

在缺少试验数据的情况下,可以通过野外鉴别大致判断黏土的适用性:

1)将黏土块用水浸泡,搅拌后,蒙脱石往往成为混浊的悬浮体;而高岭石往往分散为碎块,上部仍为清水;

2)好的黏土呈硬块状,用刀切削,切面光滑;

3)好的黏土用水润湿后,可搓成直径为 $0.5mm$ 的细长条,而不会折断;用手捻搓,有滑腻的感觉,而无砂粒存在;

4)用 5% 的盐酸滴在黏土块上,若冒泡则表示黏土中含有碳酸钙。

(4)膨润土。膨润土是一种以蒙脱石为主要矿物成分,具有高度吸水膨胀性能的特殊黏土。膨润土颗粒具有很强的阳离子交换能力和水化作用,能吸附大量的水分子,吸水后体积膨胀几倍至十几倍。膨润土在水中具有良好的分散性,能形成稳定的胶体悬浮液,并具有一定的黏度和良好的触变性能。用少量的膨润土即可拌制出性能指标符合要求的泥浆;因此,膨润土是最适于拌制护壁泥浆的黏土。膨润土是由原矿石经过加热干燥和粉碎之后,利用风力旋流分离器等进行分级,再按粉末粒径大小等级装袋出售。由于膨润土的产地较少,运距一般较远,故制浆成本较高;特别是钠膨润土,料源更少,价格更贵。

膨润土的质量因产地、出厂时间及粒径大小等的不同而有非常大的差异。膨润土的基本性质参见表 6-1。

表 6-1 膨润土的主要物理性能

性能	单位	指标	备注
密度	kg/m³	2400～2950	
堆积密度	kg/m³	830～1130	
比表面积	m²/g	80～110	
液限	%	330～590	
pH		8～10	含量 6%～12%浆液

膨润土吸水膨胀的程度依表面吸附的离子不同而异。根据蒙脱石所吸附的交换性阳离子的种类和数量不同,可把膨润土分为钠膨润土和钙膨润土。钠膨润土比钙膨润土 Na_2O 成分含量高,pH 为 8.5～10.6,有更强的吸水性和膨胀性,在水中有很好的分散性,呈较稳定的胶体悬浮液。钙膨润土吸水能力较小,膨胀的倍数不大,虽可在水中迅速分散,但稳定性较差,pH 为 6.4～8.5。判定膨润土的湿胀程度时,用 1g 膨润土所能吸收的水量(mL)表示湿胀度。通常钠膨润土为 8～15,钙膨润土为 3～5。

钠膨润土的制浆性能优于钙膨润土,使用钠膨润土制浆一般不用加碱;但由于料源、单价、运距等因素,实际使用的多为钙膨润土。使用钙膨润土制浆,最常用的措施是制浆时加纯碱(Na_2CO_3)处理,用 Na^+ 去交换钙土层间的 Ca^{2+},以提高黏土分散度和造浆率。国内山东潍坊等地已有用钙膨润土加工的人工钠膨润土产品,其性能接近天然钠膨润土。

按照现行国家标准,泥浆用膨润土分三个品种:钻井膨润土、未处理膨润土、OCMA 膨润土。钻井泥浆用膨润土质量指标主要有黏度、屈服值、塑性黏度、滤失量、筛余、水分等。膨润土的评价指标见表 6-2。

表 6-2　　　　　　钻井泥浆用膨润土质量指标

质量指标要求		钻井膨润土	未处理膨润土	OCMA 膨润土
黏度计 600/(r/min)	≥	30		30
屈服值/塑性黏度	≤	3	1.5	6
滤失量/cm³	≤	15.0		16.0
75μm 筛余,质量分数/%	≤	4.0		2.5
分散后的塑性黏度/(mPa·S)	≥		10	
分散后的滤失量/cm³	≤		12.5	
水分,质量分数/%	≤			13.0

2. 水

水是泥浆的分散相,水中的杂质或 pH 不同,泥浆的性质也大不相同。使用自来水是没有问题的;但在使用含有大量盐类(Ca^{2+}、Na^+、Mg^{2+})的海水、地下水、河水,或性质不明的水时,应先进行化验。

当水中的钙离子浓度达到 100μg/L 以上时,膨润土就会聚集和沉降分离。当水中的钠离子浓度达到 500μg/L 以上时,膨润土的湿胀性就会极度下降;达到接近于海水的浓度(3400μg/L)时,就要产生凝集。因此在配制泥浆时最好使用钙离子浓度不超过 100μg/L、钠离子浓度不超过 500μg/L 和 pH 为中性的水。超出此范围就要考虑使用处理剂。

3. 处理剂

为了使泥浆适应不同性质的地基土和不同的施工条件下的护壁要求,通常要在泥浆中加入泥浆处理剂以改善泥浆性能。常用的泥浆处理剂的分类和用途参见表 6-3。

(1)分散剂。分散剂能够提高泥浆中黏土颗粒的负电荷,置换有害离子或使其惰性化;从而起到提高黏土颗粒吸附水分子的能力,增加水化膜的厚度,分散黏土颗粒,保持泥浆的稳定性的作用。除钠质膨润土泥浆外,新制泥浆一般都需加分散剂,否则泥浆的稳定性和黏度都难以满足要求。分散剂还可以使因受钙离子等阳离子污染而性质变坏的泥浆再生。

表 6-3   **常用泥浆处理剂的分类和用途**

序号	种类	用途
1	分散剂	1. 分散黏土颗粒,提高泥浆的稳定性和黏土的造浆率; 2. 防止盐分或水泥对泥浆的污染,使已被污染的泥浆再生; 3. 改善泥浆的流变性能; 4. 增强防止槽孔坍塌的能力
2	增黏剂	1. 防止盐分或水泥对泥浆的污染; 2. 提高泥浆的黏度,增强防止槽孔坍塌的能力; 3. 提高挖槽效率; 4. 提高泥浆携带和悬浮岩屑能力
3	加重剂	增大泥浆重度,防止槽孔坍塌
4	防漏剂	降低泥浆的流动性,防止或减少泥浆漏失

分散剂的种类及其基本性能:

1) 复合磷酸盐类。本类包括六甲基磷酸钠($Na_6P_6O_{18}$)和三(聚)磷酸钠($Na_5P_3O_{10}$)。它能置换泥浆中的有害离子。通常使用的浓度为 $0.1\% \sim 0.5\%$。

2) 碱类。主要是碳酸钠(Na_2CO_3)和碳酸氢钠($NaHCO_3$),它们可与钙离子起化学反应,使钙离子惰性化。掺加浓度适当时效果较好,加量过多时效果反而不好。这个浓度极限随膨润土的种类不同而有差异,通常使用的浓度为 $0.1\% \sim 0.5\%$。

3) 木质素磺酸盐类。一般采用铁铬木质素磺酸盐类。这是一种以纸浆废液为原料的特殊木质素磺酸盐,呈黑褐色,易溶于清水或盐水;对于防止盐分污染泥浆与磷酸盐类和腐殖酸类分散剂有同等的效果,但对于防止水泥污染泥浆的效果较差。

4) 腐殖酸类。一般采用腐殖酸钠,易溶于清水,但不溶于盐水;具有提高黏土颗粒电位和置换有害离子的作用。对于防止盐分污染泥浆,与磷酸盐类或木质素类有同等的效果,而对防止水泥污染泥浆,则不如磷酸盐类效果好。

(2)增黏剂。增黏剂可以增加泥浆的黏度和屈服值,改善泥浆的胶体性质,减少失水量,提高对钻渣的悬浮能力和固壁效果;并能防止水泥和盐分污染。

一般均使用羧甲基纤维素(简称 CMC)作为增黏剂。它是一种高分子化学浆糊,外观为白色或微黄色粉末,无臭、无味、无毒、易溶于水,溶解于水之后成为黏度很大的透明液体。市场上出售的 CMC,按高分子聚合程度不同,分为高、中、低三种黏度。一般在泥浆中常用低黏度和中黏度的 Na-CMC,掺量一般为土重的 $0.03\% \sim 0.1\%$。

此外,还可用野生植物胶作为泥浆的增黏剂,如 SM 植物胶。这种植物胶可以加在膨润土泥浆中使用,也可以单独作为无固相浆液使用。

对于复杂深厚覆盖层,建议添加 HHM 正电胶处理剂,以增强其黏度,提高固壁性能和携带与悬浮岩屑的能力。

(3) 加重剂。当使用膨润土泥浆固壁时,由于膨润土泥浆的相对密度较小,在下列三种情况下,即地下水位高或有承压水时;地基非常软弱(N 值小于 1);土压力非常大(在路下或坡脚处施工)时,可能难以维持孔壁稳定。作为一种措施,可在泥浆中掺入加重剂,以增加泥浆的相对密度。常用的加重剂有重晶石粉、铁砂、铜矿渣、方铅矿粉等。主要是重晶石粉,它取材容易,在泥浆中不易沉淀。重晶石粉是一种白色粉末,相对密度为 $4.1 \sim 4.2$。掺重晶石粉还能增大泥浆的黏度及凝胶强度。

(4) 防漏剂。防漏剂的作用是堵塞地层中的大孔隙和渗漏通道,防止泥浆大量漏失。常用的防漏剂有水泥、黏土、水玻璃(硅酸钠)、珍珠岩、纸屑、纤维、锯末、稻草等。目前,有一种新型防漏堵漏材料——多项压力封堵剂,可有效封堵大漏失地层。

三、泥浆的性能

用于防渗墙施工的护壁泥浆应具备以下基本性质。

1. 良好的物理稳定性

泥浆在静置一段时间后,其中的黏土颗粒不会在重力的作用下析水、沉淀的性质，是对护壁泥浆最基本的要求。泥浆表面的析水量越少，其稳定性越好。析水量大的泥浆是没有护壁作用的。

2. 良好的化学稳定性

泥浆在使用的过程中，环境中的阳离子等会使泥浆的性质逐渐发生变化，即从悬浮分散状态向凝聚状态转化。这种影响发展到一定的程度，泥浆就会脱水絮凝，失去护壁作用。泥浆抵抗化学侵蚀的能力越强，重复使用的时间越长，则其化学稳定性越好。

3. 适当的密度

泥浆的密度大，有利于孔壁稳定和悬浮钻渣；但不利于混凝土浇筑质量，并要求有较大的泵送能力，动力和材料消耗较多。泥浆的密度应根据地质条件、施工阶段和施工经验确定，不宜过大或过小。松散易塌地层和造孔阶段宜使用密度较大的泥浆；密实稳定地层和清孔时宜使用密度较小的泥浆。

4. 适当的黏度

黏度是流体内部阻碍其相对流动的一种特性。黏度的作用和影响与密度类似，两者密切相关，同类泥浆一般黏度随密度的加大而加大。黏度大则护壁、防渗、堵漏以及悬浮、携带的能力强；过大则输送和置换混凝土困难。

5. 良好的触变性

触变性是指泥浆、水泥浆等塑性流体搅拌后变稀（静切力降低），静置后变稠（静切力升高）的特性。触变性好的泥浆，在静止时有较强的护壁能力，在流动时泵送阻力较小，有利于孔壁稳定和提高施工效率。

6. 较好的滤失性

孔内泥浆在向周围地层渗透的过程中，相同体积的泥浆在相同的压力差作用下，经过相同的时间，失水量较小且形成的泥皮薄而致密，则其滤失性较好。膨润土泥浆的滤失性一般要优于普通黏土泥浆。

7. 较小的含砂量

砂是泥浆中的惰性有害物质。含砂量高会给泥浆性能和成墙质量带来多种不利影响,故必须将泥浆的含砂量控制在一定的范围内。

普通黏土泥浆与膨润土泥浆的特性分别见表6-4、表6-5。当所采用的黏土质量不能完全满足要求时,或为了兼顾两者的特性时,可使用掺加部分膨润土的混合泥浆,其特性介于两者之间。

一个工程的地基往往是由多种不同性质的地层组成的,泥浆性能指标的选择应以主要地层为主,对于次要地层或特殊地层,一般在钻进过程中采取措施调整。

四、泥浆制备

1. 制备泥浆的步骤

(1) 调查分析地基和施工条件,掌握易塌地层的特性和施工对泥浆的要求;

(2) 调查料源(料场),选定泥浆材料和外加剂;

(3) 针对上述条件,确定泥浆的黏度、密度等基本性能指标;

(4) 拟定泥浆的基本配合比;

(5) 进行配制试验,调整配合比;

(6) 进行制浆工艺试验,确定配料程序、搅拌方法和搅拌时间;

(7) 拌制并贮存施工用泥浆。

2. 单位体积泥浆用土量的计算

在确定了泥浆的密度后,可按式(6-1)计算黏土的用量:

$$W = \frac{\rho_c(\rho_s - \rho_w)}{\rho_c - \rho_w} \tag{6-1}$$

式中：W——配制 1m^3 泥浆所需黏土的质量,t;

ρ_c——黏土的密度,t/m^3;

ρ_s——所配制的泥浆的密度,t/m^3;

ρ_w——水的密度,t/m^3。

表6-4   普通黏土泥浆性能指标

项目	单位	新制泥浆		造孔时孔内泥浆	清孔用浆	混凝土浇筑前孔底泥浆	备注
		一般地层	松散地层				
相对密度		1.15~1.25	1.20~1.25	≤1.30	≤1.20	≤1.3	1002型比重秤
马氏漏斗黏度	s	18~25	25~45	20~45	18~23	≤35	500/700ml漏斗
含砂量	%	≤5	≤5	≤8	≤5	≤8	
胶体率	%	≥96	≥96	≥95	≥96	—	
稳定性		≤0.03	≤0.03	≤0.04	<0.03	—	上、下相对密度差
失水量	mL/30min	<30	<30	<50	<30	—	1009型失水仪
泥饼厚	mm	≤4	≤4	≤6	≤4	—	1009型失水仪
10min静切力	Pa	2.0~5.0	4.0~10.0	2.5~12.0	1.5~4.0	—	旋转黏度计
pH值		7~9.5	8~10	7~9	8~11	—	

表 6-5

膨润土泥浆性能指标

项目	单位	新制泥浆		重复使用	清孔用浆	混凝土浇筑前孔底泥浆	备注
		一般地层	松散地层				
相对密度		1.03~1.08	1.06~1.10	<1.15	≤1.05	≤1.15	1002型比重秤
马氏漏斗黏度	s	35~55	45~60	32~70	32~38	32~50	946/1500ml 漏斗
含砂量	%	≤1	≤1	≤5	≤1	≤4	
胶体率	%	≥98	≥98	≥95	≥98	—	
稳定性		≤0.01	≤0.01	≤0.02	<0.01	—	上、下相对密度差
失水量	mL/30min	<18	<30	<40	<30	—	ZNS型失水仪
泥饼厚	mm	<2.5	<3	<5	<3	—	ZNS型失水仪
塑性黏度	cP(mPa·s)	8~20	16~30	≤40	8~20	—	旋转黏度计
10min静切力	Pa(N/m²)	1.4~10.0	3.0~8.0	1.5~10.0	1.0~3.0	—	旋转黏度计
pH值		7.5~10.5	8~11	8.0~11.0	7.5~11	—	旋转黏度计

3. 黏土泥浆的搅拌试验

目前拌制黏土泥浆大多仍用 $2m^3$ 或 $4m^3$ 卧式搅拌机,实际搅拌体积一般小于额定容积,搅拌的顺序是:

(1) 向搅拌机内注入定量的水,加水量应扣除土中的含水量;加水宜采用自动化的计量方法,以确保加水量准确。

(2) 开动搅拌机,向机内投放定量的黏土,并同时加入定量的碳酸钠。

(3) 搅拌 30min 左右后,取样测试泥浆的黏度。

(4) 继续搅拌,并每隔 5min 测试一次泥浆黏度,若两次测量的数值不变,则泥浆制成。

据此来确定以后泥浆的搅拌时间。搅拌好的泥浆需经过一个 20 目的筛网放入储浆池中。

4. 膨润土泥浆的拌制

使用膨润土配制泥浆时,不同的搅拌方法对膨润土溶胀程度影响很大。经高速搅拌机拌制的泥浆其流变参数远优于用低速搅拌机搅拌的泥浆,因此必须使用高速搅拌机进行搅拌。搅拌的时间一般可控制在 $4\sim5min$,这是因为膨润土分散至 98% 所需的时间为 4min,全部分散需要 9min。对于使用前要放置较长时间的泥浆,搅拌时间为 4min 左右;对于搅好之后立即就用的泥浆,搅拌时间一般为 7min。

膨润土的水化溶胀有一个过程,一般膨润土与水混合后 3h 可达到 70% 以上的溶胀,可供最低要求的工程施工使用。经过一天之后,可以达到完全的溶胀。经搅拌后的膨润土泥浆在储浆池中放置 5h 后,其性能可基本达到预期的指标。《水利水电工程混凝土防渗墙施工技术规范》(SL 174—2014)中规定的放置时间为 24h。为了发挥泥浆的功能,最好使泥浆充分溶胀后再使用。

对于在泥浆中加入 CMC 的操作要特别注意,CMC 很难溶解,需一点一点地往泥浆中掺加粉末。若事先用清水溶解 CMC 成 1%～3% 的溶液,然后再掺入泥浆中搅拌,就会很容易地混合在一起。由于 CMC 溶液可能会妨碍膨润土的溶解,所以要在膨润土之后加入。

5. 泥浆的贮存

新制泥浆一般贮存在用浆砌块石筑成的泥浆池中。受场地限制时，也可贮存在高度较大的钢制泥浆罐中。整个泥浆池需分隔成 3～4 个不同用途的泥浆池，其中至少有 2 个用于倒换存放新制泥浆，以满足泥浆溶胀的要求；此外，还应有单独的浆池存放清孔用泥浆和回收泥浆。

为了防止浆池内的泥浆沉淀，应在浆池底部布置风管，经常用压缩空气搅动浆池内的泥浆；也可用泥浆泵循环浆池内的泥浆。

五、泥浆回收和净化

在防渗墙的工程造价中泥浆占了很大的比重，为了降低成本和防止公害，应当采取措施尽量回收泥浆，经净化处理后重复使用。

槽孔中排出的泥浆携带有很多岩土颗粒和钻渣，净化泥浆需要使土渣分离。泥浆处理常用的方法有沉淀法和机械净化法。

1. 沉淀法

当施工场地比较宽阔时可用沉淀法。

沉淀法是使泥浆处于静止状态，依靠重力作用让钻渣自由沉降。影响泥浆中悬浮颗粒沉降的主要因素有：渣土颗粒的大小、形状，泥浆和渣土的密度，泥浆的黏度等。沉淀法只能清除直径大于 0.05mm 的颗粒。

采用沉淀法时，须在槽孔附近挖掘容积较大的沉淀池和排浆沟，沉淀池的容积一般为一个单元槽段挖土量的 1.5～2.0 倍。泥浆在沉淀池中停留静置的时间越长，沉淀分离的效果越好。要注意及时清理池底的沉渣，经常保持沉淀池的有效容积。如果现场不具备挖沉淀池的条件，也可以采用一组（3～4 个）铁箱及相应的清渣设备替代。

2. 机械净化法

机械净化法是采用专门的机械清除泥浆中的土渣，包括振动筛、旋流器和离心机等。泥浆净化机详见第十章第一节。各种除砂设备清除的泥砂颗粒直径见表 6-6。

表 6-6　　　　　各种设备清除钻渣的颗粒范围

设备	名称	高频振动筛		旋流除砂器			旋流除泥器	微型除泥器	离心分离机
	规格	30 目	200 目	300mm	200mm	150mm	1000mm	50mm	
颗粒直径/μm		630	74	46~80	32~46	15~52	10~40	7~25	3~10

经验之谈

防渗墙施工造孔时孔口高程确定需考虑的因素

★ 施工期的最高水位;

★ 能顺畅排除废浆、废水、废渣;

★ 尽量减少施工平台的挖填方量;

★ 孔口应高出地下水位2m。

第二节　槽　孔　开　挖

槽孔开挖的设备和方法,应根据地层情况、墙体结构型式及设备性能进行选择,必要时可选用多种设备组合施工。

一、槽孔划分

防渗墙一般需要分成若干个单元墙段逐个施工。浇筑单元墙段前须在地基中钻挖槽形孔,简称槽孔。槽孔一般由若干个独立的钻孔(单孔)相连而形成,也可只有一个单孔。先施工奇数号单孔(主孔),后施工偶数号单孔(副孔),主、副孔相间布置。

确定槽孔划分形式时,应综合考虑工程地质及水文地质条件、施工部位、成槽方法、机具性能、成槽历时、墙体材料供应强度、墙体预留孔的位置、浇筑导管布置原则及墙体平面形状等因素。当采用两序间隔法施工时,可按图 6-1(a)所示划分槽段。其中先施工的为一期槽孔,其余为二期槽孔。当采用分段顺序法施工时,槽孔的划分则如图 6-1(b)所示。

1. 槽孔划分依据

(1) 工程地质和水文地质资料(应有较准确的防渗墙轴

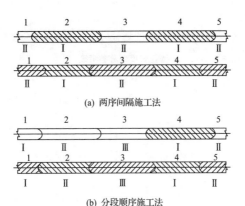

(a) 两序间隔施工法

(b) 分段顺序施工法

图 6-1 槽孔划分与施工顺序

1、2、3、4、5—槽孔编号；Ⅰ、Ⅱ、Ⅲ—槽孔施工序号

线地质剖面图）；

（2）设计文件和图纸；

（3）施工导流方式及标准；

（4）工期要求；

（5）施工方法和施工机具。

2. 槽孔划分原则

槽孔划分的基本要求是尽量减少墙段接头，有利于快速、均衡和安全施工。具体注意事项如下：

（1）较密实地层中的槽孔可长，疏松、漏失地层中的槽孔宜短；

（2）深度大、造孔时间长的槽孔宜短；反之则可长；

（3）地下水水位高、流速大的地段槽孔宜短；反之则可长；

（4）槽孔长度应与混凝土的供应能力相适应，槽孔浇筑时混凝土面的上升速度应不小于 2m/h；

（5）含漂石较多的地段造孔时间长、泥浆漏失量大，应采较短的槽孔长度；

（6）合龙槽孔宜为短槽孔，并尽量安排在深度浅、地质条件好的地方。

一般情况下槽段长度的划分可参见表 6-7。

表 6-7 槽孔长度划分参考表

造孔深度/m	地层条件	地下水位深度/m	槽孔划分长度/m	
			Ⅰ期槽孔	Ⅱ期槽孔
<30	不稳定	≤5	6～8	7～9
	较稳定	>5	6～10	8～12
30～50	不稳定	≤5	5～6	6～7
	较稳定	>5	6～7	7～8
>50	不稳定	≤5	4～5	5～6
	较稳定	>5	<7	<7
	有大量漏浆部位		<5	<5

二、成槽方法

根据地层条件、设计要求和工期等因素选择成槽方法。目前国内外常用的成槽方法有：钻劈法（主孔钻进，副孔劈打），钻抓法（主孔钻进，副孔抓取），抓取法（主、副孔均用抓斗直接抓取），铣削法（液压铣槽机铣削），多头回转钻机成槽法，射水成槽法，锯槽法等。各种成槽方法的适用条件参见表 6-8。

表 6-8 造孔成槽方法适用范围参照表

造孔成槽方法	地层适应性							墙深/m	墙厚/cm	备注
	黏性土	壤土	砂砾	卵石	漂石	软岩	硬岩			
钻劈法	○	○	○	○	○	○	△	≤70	60～120	
钻抓法	○	○	○	△	△	△		≤70	30～120	重锤配合
抓取法	○	○	△	△	△	×		≤50	30～100	重锤配合
铣削法	○	○	○	△	×	○	○	≤50	60～120	
多头钻法	△	○	○	△	△	△		≤50	50～100	
射水法	○	○	△	×	×	×		≤20	20～40	
锯槽法	○	○	×	×	×	×		≤20	15～30	

注：○—好；△—较差；×—差。

成槽施工时,为维持孔壁稳定,保持槽内足够的泥浆静压力,固壁泥浆面应保持在导墙顶面以下 300～500mm。

1. 钻劈法成槽

钻劈法属于传统的槽孔建造方法,其设备是冲击钻机或冲击反循环钻机,多用于砂卵石或含漂石地层中,对地层适应性强,但工效较低。开孔钻头直径应大于终孔钻头直径,终孔钻头直径应满足设计墙厚要求。采用钻劈法成槽时,主孔长度即为墙厚,副孔长度一般为主孔直径的 1.5 倍。成槽方法是先钻凿主孔,后劈打副孔;劈打副孔时在相邻的两个主孔中放置接砂斗接出大部分劈落的钻渣(图 6-2)。由于在劈打副孔时有部分(或全部)钻渣落入主孔内,因此需要重复钻凿主孔,此作业称作"打回填"。当采用常规冲击钻机造孔时,钻凿主孔和打回填都是用抽砂筒出渣的。当采用冲击反

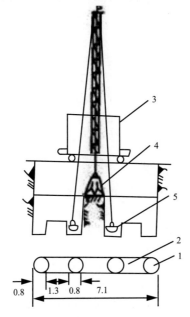

图 6-2　钻劈法钻进槽孔示意图

1—主孔;2—副孔;3—冲击钻机;4—钻头;5—接砂斗

循环钻机造孔时,主要用砂石泵抽吸出渣,有时也要用抽砂筒出渣(如开孔时)。钻劈法施工的副孔在防渗墙轴线方向上的长度,黏性土地层为 $1.0d \sim 1.25d$(d 为主孔直径,即槽孔宽度),砂壤土和砂卵石地层为 $1.2d \sim 1.5d$。

由于钻头是圆形的,在主、副孔钻完之后,其间会留下一些残余部分,称作"小墙"。这需要找准位置,从上至下把它们清除干净(俗称"打小墙")。至此就可以形成一个完整的、宽度和深度满足要求的槽孔。

钢绳冲击钻机在钻进软弱地层时要"轻打勤放",即采用小冲程(500~800mm)、高频次(45 次/min)、勤放少放钢绳的钻进方法;对于坚硬地层,可采用加重平底十字钻头,高冲程(1000mm)、低频次(40 次/min)的重打法,配合采用高密度泥浆或向孔内投放黏土球,以及勤抽砂等综合办法,以加大钻头的冲击力和泥浆的悬浮力,并使钻头能经常冲击到地层的新鲜层面。

2. 钻抓法成槽

钻抓法由钻机和抓斗配合施工,适用于多数复杂地层,总体工效高于钻劈法成槽。钻机可以是冲击钻机、冲击反循环钻机或回转钻机等,抓斗可以采用液压抓斗或机械抓斗。

钻抓法是目前水利水电工程防渗墙施工中广泛使用的造孔成槽方法。此法一般使用冲击钻机钻凿主孔(也称导孔),抓斗抓取副孔,可以两钻一抓,也可以三钻两抓、四钻三抓形成长度不同的槽孔。这种方法能充分发挥两种机械的优势:冲击钻机的凿岩能力较强,可钻进不同地层,先钻主孔为抓斗开路;抓斗抓取副孔的效率较高,所形成的孔壁平整。抓斗在副孔施工中遇到坚硬地层时,随时可换上冲击钻机或重凿克服。此法一般比单用冲击钻机成槽提高工效 1~3 倍,地层适用性也较广。主孔的导向作用能有效地防止抓斗造孔时发生偏斜。两钻一抓的主、副孔划分和成槽工艺见图 6-3。应注意副孔长度一定要小于抓斗的最大开度,一般要求不大于抓斗最大开度的 2/3,否则可能出现漏抓的部位,而且抓取困难。当地层为黏土或砂土层时,主孔宜采用回转钻机钻进,以提高钻进工效。

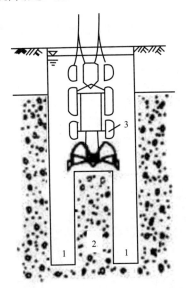

图 6-3　钻抓法成槽工艺图

1—用冲击钻机钻凿的主孔;2—副孔,用抓斗挖掘;3—抓斗

3. 抓取法成槽

抓取法为纯抓斗施工。目前在国内属于较新的槽孔建造工艺,多适用于细颗粒软弱地层,工效相对较高,但成槽精度稍低。施工设备可以是液压抓斗或机械抓斗。机械抓斗配以重凿也可用于复杂地基处理,甚至嵌岩施工。抓取法成槽可以单抓成槽,也可以多抓成槽。

(1)单抓成槽。此法即一次抓取一个槽孔。如抓斗最大开度为 B,则一期槽长为 B,二期槽长一般为 $(B-2\times S)$m。S 为抓二期槽时把一期槽已经浇筑的混凝土两端面切去的长度,以保持一、二期墙段的可靠连接。当端面为平面时,$S=0.1\sim0.2$m;当端面为弧面时,$S=0.3\sim0.5$m。

(2)多抓成槽。此法分主、副施工,每个槽孔由三抓或多抓形成。主孔的长度等于抓斗的最大开度,副孔的长度宜为主孔长度的 1/2~2/3。

4. 铣削法成槽

铣削法是用液压铣槽机铣削地层形成槽孔的一种方法，是最新的槽孔建造方法，多用于砾石以下细颗粒松散地层和软弱岩层。铣削法施工效率高、成槽质量好，但成本较高。

用液压铣槽机成槽，一般是先铣两个主孔，再铣中间的副孔形成一期槽孔，副孔长度宜为主孔长度的 1/2~2/3。二期槽孔为一钻成槽，以便于两期墙段搭接，其槽长比铣槽机的长度小 2m×0.2m，如图 6-4 所示。需要时一期槽孔也可以一钻成槽。

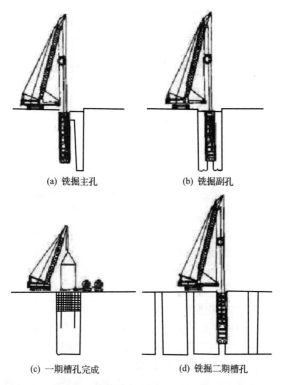

(a) 铣掘主孔　　　　　　　　(b) 铣掘副孔

(c) 一期槽孔完成　　　　　　(d) 铣掘二期槽孔

图 6-4　液压铣槽机造孔成槽示意图

5. 其他成槽方法

多头钻的造孔成槽方法一般是先钻三个主孔(每孔长 2.5m),然后再钻两个副孔(长 0.5m),最后形成一个长 8.5m 的槽孔。

在小型水利水电工程中还有使用射水成槽机、链斗式挖槽机、锯槽机等成槽的施工方法。射水成槽的主、副孔安排与液压铣槽机基本相同。链斗挖槽和锯槽形成的是连续的沟槽,然后用模袋混凝土等特制的隔离装置将其分隔为单元槽孔,再进行混凝土浇筑。

第三节　复杂地层造孔

一、粉细砂层

冲击钻机在粉细砂层中造孔的进度很慢。使用冲击反循环钻机钻进时进度虽快,但易造成局部孔径过大。该种地层用抓斗施工较好,进尺快,孔形也好。

用冲击钻机钻进细砂层时,可采取下列措施防止发生流砂和加快钻进速度:

(1) 向孔内投放加有石子的黏土球,石子含量约 34%～40%,石子粒径可为 50～60mm、30～40mm 和 20mm 三种,黏土球直径约 200mm,也可做成立方块。主孔钻进时投放 5～6 块即可,待 5min 后用钻头慢放轻打几下即可正常钻进。钻进时每班投土球 2～3 次,抽渣 2～3 次,抽渣完毕后立即投放黏土球。

(2) 掏槽扩孔法,此法在投放黏土球的同时,用 ϕ400mm 小钻头快速钻进,先钻透粉细砂层,再扩大至全断面。这对于较薄(如 1m 左右)的粉细砂层很有效。黏土球要勤投、少投,投球后要少抽渣重冲击。用此方法可以达到 0.8～1.2m/(台·班)的钻进工效。

二、漂石层

防渗墙施工,常常会遇到漂石层或含有大孤石的漂石层,给钻进带来很大的困难,冲击钻机的钻孔速度很慢,抓斗

等设备更是无能为力。在这种情况下常用的措施是:

(1)重锤冲凿。此法比较简便,多用于孤石埋藏较浅、不宜爆破的部位。具体做法是:将重 5～10t、带有底齿的特制重锤吊起,然后使其自由下落,以巨大的冲击力将大漂石击裂、击碎。可使用专用的 ZCZ 型重锤冲击式钻机(见图 6-5)或履带式起重机吊挂重锤。对于较大的孤石,可先用岩芯钻或液压冲击回转钻机在孤石上钻出很多孔洞,破坏岩石的完整性,然后再用重锤击碎,这样可以大大加快施工进度。

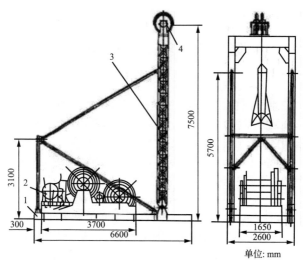

图 6-5　ZCZ 型重锤冲击式钻机
1—底盘;2—卷扬机;3—钻架;4—顶滑轮组

(2)地面钻孔预爆。此法多用于大漂石比较集中的部位。防渗墙施工以前,在防渗墙轴线上采用岩芯钻机或冲击回转钻机钻出间距 1～2m、直径 90～130mm 的爆破孔,在孔内放置炸药对大漂石进行预爆破,之后再开始钻凿槽孔。但这种方法一般仅适用大漂石埋深较小(10～15m 以内)的情况,当漂石埋深较大或位置难以判断时不宜采用此方法。此方法无槽孔坍塌之虑,爆破孔直径和装药量均可比孔内爆破适当加大。

（3）水下定向聚能爆破。在钻进过程中遇到巨型块石或悬于孔壁的探头石,可使用特制的爆破筒置于巨石表面进行爆破。为了减少对孔壁稳定的影响,并使炸药爆炸的能量集中对准块石,爆破筒可设计成如图 6-6 所示的形式。爆破筒的外壳可用钢管或厚 1mm 的铁皮制作,外壳与炸药之间填满密实的黏土。用此法爆破粒径小于 1m 的块石效果较好,装药量一般为 1～3kg。实施爆破前,应尽量将孔底的沉积物清理干净,搅动孔内泥浆,加大泥浆密度。

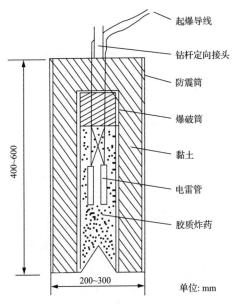

图 6-6　定向聚能爆破筒

（4）水下钻孔预爆。钻进至较深部位遇到直径较大的块石时,采用钻孔爆破比定向聚能爆破效果更好。钻孔可采用岩芯钻机或冲击回转式钻机,孔径 $\phi 75～90mm$。钻进前一般先下套管到块石表面,然后在套管周围投放黏土封闭套管底口,以便钻渣能返出孔外,并避免稀释泥浆(见图 6-7)。爆破装置如图 6-8 所示。装药量一般每 1m 钻孔 3~5kg。装药后应至少将套管提起 1.5m 再起爆，以免损坏套管。

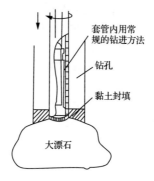

图 6-7　槽内钻预爆孔时的套管保护

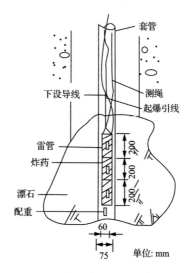

图 6-8　孔内钻孔爆破装置图

三、基岩陡坡

防渗墙底嵌入基岩时常选用冲击式钻机、回转钻机以及液压铣槽机钻进，在一般情况下虽然进度较慢，但总是可以达到目的。如果遇到了陡坡岩面,甚至倒悬岩面时,钻进就要困难得多,必须采用特殊的工艺嵌岩。

1. 冲击钻机对基岩陡坡的钻进

冲击钻机钻进基岩陡坡时,常采取以下措施避免打溜:

(1)钻凿主孔接近或已到达倾斜基岩面时,依照本节前述的方法在岩面钻孔爆破,或施钻梅花孔破坏基岩的完整性,然后再冲击钻进;

(2)采用导向套筒式钻头钻进。

2. 液压铣槽机铣钻基岩陡坡

液压铣槽机可采用如图 6-9 所示的顺序,从陡坡段的最低处向最高处依次铣钻。每铣钻完一个孔即浇筑混凝土,然后靠着已完成的混凝土墙段的支撑以及铣槽机上的导向装置铣钻下一个陡坡段,最后完成全部基岩陡坡段的钻进。钻进时应选择硬度适宜的铣齿和相应的给进压力。

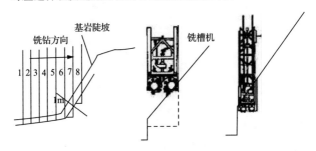

图 6-9   液压铣槽机铣钻基岩陡坡示意图

第四节   清   孔   换   浆

槽孔钻挖完成后,总会有部分土渣悬浮于泥浆中或沉淀槽底,将这部分土渣清除的工作称为清孔。清孔换浆方法主要有抽筒出渣法、泵吸排渣法、气举排渣法、潜水泵排渣法,根据地层特点、槽孔建造工艺综合确定。

一、抽筒出渣法

钢绳冲击钻机采用这种出渣方式。该法操作简便,但效率低,泥浆损耗大,清渣效果也较差,一般在泥浆质量较好,槽孔较浅的情况下采用。

二、泵吸排渣法

此法用设置在地面的砂石泵通过排渣管将孔底的泥渣吸出[图 6-10(a)],经泥浆净化系统除去粒径 $65\mu m$ 以上颗粒,再返回到槽内使用。该方法效率高,效果好,节约泥浆。

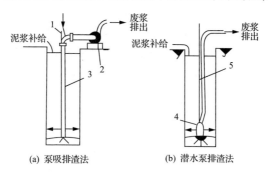

图 6-10　泵吸排渣和潜水泵排渣法示意图

1—接合器;2—砂石泵;3—导管;4—潜水砂石泵;5—软管

排渣泵应选用特制的反循环砂石泵,这种泵有三个特点:耐磨;吸程大,有利于克服孔内出浆管的摩擦力;叶片少(一般为 2 片),大石渣容易通过。冲击反循环钻机本身已配备有适宜的砂石泵。

三、潜水泵排渣法

当孔深较小或槽孔内已下设钢筋笼时,可用立式潜水砂石泵进行清孔换浆。潜水砂石泵上装有潜水电机,清孔时须先连接上长度超过孔深的电缆和排渣软管,然后下设到孔底[图 6-10(b)],将混有钻渣的泥浆抽出孔外。国产立式潜水砂石泵的技术参数见表 6-9。

另外,多头钻机、液压铣槽机上均配置有潜水砂石泵,其清渣方式也属于潜水泵排渣法。

表 6-9　　　　　　　立式潜水砂石泵的技术参数

型号	150SBD-12	150SBQ-30	120SBQ-30	100SBQ-30
流量/(m³/h)	180	180	150	120
扬程/m	12	30	30	30
抽吸粒径/mm	≤150	≤140	≤120	≤100
动力功率/kW	18.5	25.0	25.0	25.0
转速/(r/min)	730	1450	1450	1450

四、气举排渣法

此法的原理是借助气举排渣器将液气混合,利用密度差来升扬排出孔底的泥浆和沉渣(图 6-11)。

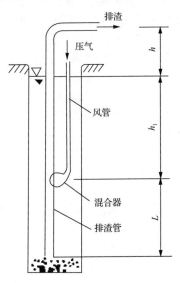

图 6-11　气举法排渣示意图

压缩空气从风管进入混合器,在排渣管内形成一种密度小于管外泥浆的液气混合物,在内外液体压力差和压缩空气动能的联合作用下沿着排渣管上升,从而使孔内泥浆携带孔底沉渣跟随上升、排出孔外。排渣管底端距沉渣面宜为0.2~0.3m。

气举排渣效率与淹没比 $\alpha = h_1/(h + h_1)$、风压、风量和空气提升器的型式有关。淹没比大,风压高,风量大,则效率高。风管安装的型式有并列式和同心式,并列式优于同心式。混合器淹没深度一般不得超过空压机的额定风压,见表 6-10。

表 6-10　　额定风压与混合器最大淹没深度表

额定风压/MPa	0.6	0.8	1.0	1.2	2.0
混合器最大淹没深度/m	51	72	90	108	192

孔深 50m 内泵吸反循环排渣效率优于气举排渣法;孔深超过 50m 时,气举排渣法优于泵吸反循环法。但孔深 10m 以内,气举排渣法效果很差,不宜采用。孔深超过 50m 后,一般不加长风管,而采用加长尾管的办法。

SL 174—2014 规定:清孔验收合格后,应于 4h 内开浇混凝土。通常情况下,这一要求是完全可以做到的。但对于槽孔深度较大且因吊放钢筋笼等实际上不能在 4h 内开浇混凝土的工程。为保证浇筑质量,可采用提高泥浆悬浮能力等措施,保证混凝土浇筑过程中泥浆中悬浮的岩屑不会沉淀或以极慢的速率下沉。如在 4h 内不能开浇,则需重新测量淤积厚度;如不合格,须补充清孔或采取其他补救措施。

第五节　事故的预防及处理

防渗墙造孔施工过程中,往往会由于地质变化、操作不当等原因,出现坍孔或其他影响造孔施工正常进行的意外事故。因此,造孔施工时,一方面要严格执行操作规程,小心谨慎施工;另一方面要随时注意观察,尽早发现异常情况,及时采取应对措施,防止事故发生或降低事故造成的损失。

防渗墙造孔施工中,常见的事故有导墙变形或破坏、槽壁坍塌、漏浆、孔斜、挖槽机具卡在槽内等。常见造孔事故的原因、预防措施及处理措施见表 6-11。

表 6-11　常见造孔事故的原因、预防措施及处理措施

事故类型	主要原因	预防措施	处理措施
导墙变形破坏	1. 导墙的强度或刚度不足； 2. 导墙的底部发生坍塌或受到淘刷破坏； 3. 作用于导墙的荷载过大； 4. 导墙没有设置支撑或设置支撑遭受破坏；	1. 根据地基土的性质及导墙的荷载大小、作用方式等，做好导墙的设计和施工工作； 2. 对导墙地基进行加固处理； 3. 在布置施工机械时，要使作用在导墙上的荷载分散在作业地面上； 4. 要避免施工机具冲撞导墙； 5. 导墙的支撑必须完整，并具有足够的强度	当导墙变形不大且尚未断裂时，可采取加强顶撑、减少荷载，用钢浆加固，用塑性混凝土等低强度材料封堵导墙底部等措施处理。 当导墙变形过大或已断裂时，一般应回填槽孔，将已变形、破坏部位的导墙拆除，重新建设导墙。当槽孔深度较大且接近完成的导墙部位导墙破坏，为减少工期和经济损失，也可不回填槽孔，不恢复破坏部位的导墙，而采用沿导墙轴线方向另设大型导墙的方法继续施工
槽壁坍塌	1. 槽内泥浆漏失或泥浆循环时未能及时补充泥浆，槽内泥浆液面降至安全范围以下，导致泥浆静水压力过小； 2. 泥浆性能不适应地质情况或泥浆质量差； 3. 施工平台过高，地下水位过高或地下水流速过快；	1. 修筑施工平台之前加强松散地基，提高其抗剪强度，特别是孔口以下 6m 以内的土体； 2. 导墙要牢固，能承受各种施工荷载，最好修建钢筋混凝土导墙，以减少因地制宜，在地层稳定性较差和渗漏量较大的部位采用包裹的槽孔；	1. 槽口坍塌且导墙断裂，孔深较小时应回填槽孔，拆除原有导墙，加固孔口土体后重建新导墙。成槽孔深较大时，为减少频次跨过塌坑支承钢大铁水，号以上的型钢跨过塌坑支承枕木铁，使钻机能继续工作，直至槽孔完成； 2. 槽口坍塌但导墙尚未断裂，一般可采用下述方法处理；

事故类型	主要原因	预防措施	处理措施
槽壁坍塌	4. 地层松散、软弱，而未做处理； 5. 在处理地下障碍（如大孤石）时，所用方法不当； 6. 单元槽段过长； 7. 地表荷载过大或振动力过大； 8. 槽孔施工时间过长	4. 采用适当的泥浆性能指标，保证泥浆的质量，防止失水入槽内； 5. 储备足够的泥浆和堵漏材料，发生大量漏浆时，及时对堵漏和补浆，避免槽内浆面下降过多； 6. 孔内爆破的装药量要适当，孔深较小时不得进行孔内爆破； 7. 孔口至少高于地下水位2m； 8. 当孔口可能被淹时，用黏土回填槽孔，暂停施工。未完成的槽孔长时间闲置时，亦应回填黏土。	(1) 紧贴导墙外缘每隔断20～30cm向下斜插钢筋或插管，并打入墙内形成的斜坡体内，然后用袋装土封堵塌坑下部，用混凝土封堵塌坑上部。 (2) 沿墙轴方向跨过塌坑铺设数根16～20号型钢支承进孔设备，减轻导墙的荷载。 (3) 孔深较小时也可回填砂料，下部用土料固化灰浆回填，上部用低标号混凝土或固化灰浆回填，然后重新开孔。 3. 必要时重新划分槽孔，缩短槽孔长度
漏浆	1. 地层较松散（砂砾石、大漂石等地层中存在架空现象； 2. 基岩中存在溶洞、溶槽、断层、裂隙等渗漏通道； 3. 坝体坝壳质量不匀，存在渗漏通道； 4. 坝基中存在早期渗漏、管涌造成的集中渗漏通道； 5. 泥浆的防渗性能差、质量不好	1. 对槽孔两侧一定深度内土体进行振冲加密； 2. 在槽孔两侧预先进行高压喷射注浆或水泥灌浆； 3. 使用防渗性能良好、黏度较大的固壁泥浆； 4. 在松散、漏失地层中钻进，应随时向孔内投入适量黏土并夯捣砂，以增加孔底泥浆的稠度； 5. 漏失地层中单桶槽孔的主孔未打完时不得剪切打削成的主孔墙； 6. 必要时在泥浆中加入防漏失材料	1. 发生大量漏浆时应立即起钻，中断造孔，迅速向槽孔内补充泥浆，保持浆面高度不低于导墙底部； 2. 在泥浆中添加膨润土、粉煤灰、碎石、锯末、稻壳、纸屑、麻屑、人造纤维等堵漏材料； 3. 向孔底投放黏土、水泥、砂、碎石、黏土球等堵漏材料，并钻头捣实并挤入漏浆处孔洞

事故类型	主要原因	预防措施	处理措施
孔斜	1. 造孔设备安装不当，固定不稳； 2. 钻进中遇到大漂石、探头石或陡坡岩面； 3. 钻凿混凝土接头孔时混凝土强度过高； 4. 钻孔操作不当，开孔不正，放绳过多，进尺过快	1. 保证施工平台的修筑质量和造孔设备的安装、加工质量； 2. 用钢绳冲击造孔机造孔时应选择适当的钻进参数和钻头直面； 3. 冲击钻进时要开好孔，轻重适当，勤放慢绳，使钻头能左右旋转； 4. 经常检查孔斜情况，发现问题及时处理； 5. 抓斗挖槽时，每抓2~3斗将斗体水平旋转180°后再抓	1. 孔斜超标严重时，一般需回填起孔斜段后重新钻孔。回填材料可用坚硬的块石或低标号混凝土。重新钻孔时须向与孔斜相反的方向适当移动钻孔中心，并注意轻打慢放，随时检查钻孔效果，直至满足垂直度要求。 2. 对由于探头石造成的孔斜，可将探头石爆破后再修孔。 3. 利用抓斗、液压铣槽机的测斜纠偏装置进行纠偏
挖槽机具卡在槽内	1. 停钻时，钻具没有提出槽孔，以致泥浆中的钻渣沉淀时将钻具卡住； 2. 地层中有较多的漂石和孤石； 3. 孔斜、孔曲过大、孔形不规整； 4. 下钻时或钻进中，上部孔壁掉落石块； 5. 钻具的形状和尺寸不符合要求，钻头补焊不及时，补焊的直径过大	1. 停钻时将钻具提出孔外，至少提离孔底2m； 2. 及时处理孔内的漂石、孤石和探头石； 3. 钻进速度不要过快，保持钻形垂直和圆整； 4. 下钻时要慢，要稳，要避免钻碰落孔壁上的石块； 5. 钻具的形状和尺寸要符合要求； 6. 及时补焊钻头，避免钻头直径变化过大； 7. 当有塌孔迹象时，要尽快将钻具提出孔口，以防卡钻或埋钻	1. 查明卡钻的原因，确定适当的处理方法，避免处理不当损伤钢丝绳和钻头，提架造成掉钻； 2. 如果卡钻是由于泥浆中钻渣沉淀造成，可采用高压射水装置和空气升液法清除钻头四周的渣土； 3. 先用反冲击，下加重杆抖振动等简单方法处理； 4. 如果探头石卡钻，可采用爆破的方法处理； 5. 如果是由于钻孔弯曲造成卡钻，可采用直径稍大的钻头扫孔，使故障卡钻头脱离孔壁； 6. 在承载力许可的范围内用滑轮增力提拉钻头； 7. 在承载力许可的范围内用千斤顶顶钻头

第七章

混凝土防渗墙成墙

第一节 预埋件的放置

防渗墙的预埋件有很多种类，但主要的有三种：一是为满足防渗墙受力要求而设置的钢筋；二是为加强防渗用的设施，如预埋灌浆管等；三是为防渗墙原型观测所用的仪器。

一、钢筋笼

根据受力情况不同，有的防渗墙需要全部设置钢筋，有的只在顶部或底部设置钢筋。由于防渗墙位于地下，且浇筑前槽孔内始终充满泥浆，故钢筋的设置须采用先预制成钢筋笼然后整体吊装的方法。

钢筋笼最好按单元槽段的深度做成一个整体；当防渗墙很深或受到起重能力的限制时，则需分节制作，吊放时再逐节连接。

1. 钢筋笼结构

钢筋笼的结构和外形尺寸，不仅要依据墙体尺寸应力应变计算的结果，还要充分考虑防渗墙施工工艺，便于施工，确保墙体的整体质量。如原设计对施工要求考虑不足或不符合实际情况，施工时应根据需要予以补充和调整。

钢筋笼的外形尺寸应根据槽段长度、深度、接头形式及起重能力等因素确定。钢筋笼与槽孔两端或接头管的最小距离为10cm。钢筋笼的总长度应符合设计要求，分节长度应尽可能与主筋来料长度一致；其底部轮廓应与槽孔相吻合，并与孔底保持10～20cm的间距。应尽量减少钢筋笼的分段数量，以减少孔口连接工作量、下设时间和孔底淤积。

钢筋笼的厚度与主筋的保护层厚度有关,永久防渗墙主筋保护层的厚度应不小于75mm,临时防渗墙可减少至60mm。

钢筋笼由主筋、箍筋、架立筋、补强筋、保护层垫件等部件组成(见图7-1)。

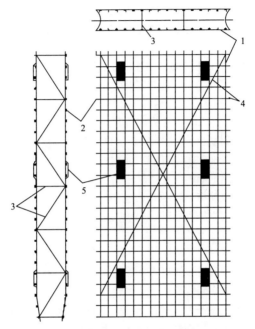

图7-1 混凝土防渗墙钢筋笼结构示意图

1—主筋;2—箍筋;3—架立筋(桁架);4—补强钢筋;5—保护层垫件

(1)钢筋笼主筋为垂直方向的受力钢筋。主筋间距应不小于10cm,并大于混凝土最大骨料直径的4倍,应注意分节钢筋笼搭接段的钢筋间距。

(2)钢筋笼箍筋中心距宜大于150mm,但不得大于500mm,在受力较大的部位应缩小箍筋间距。为便于浇筑混凝土时活动导管,箍筋应布置在主筋的外侧。

(3)钢筋笼架立筋的直径和布置应足以控制主筋的位置和变形。在确定架立筋的位置之前,应先确定导管的下设位置,这部分的空间必须上下贯通,所有钢筋与导管接头处的距离应大于 100mm。

（4）为了防止钢筋笼在存放、运输和吊装时发生变形,可根据实际需要设置补强钢筋。

（5）为了保证钢筋笼保护层的厚度,须在钢筋笼的上下游面设置若干个保护层垫件。

2. 钢筋笼制作

钢筋笼加工场最好设置在对钢筋进场和装运钢筋笼均较方便的现场位置。钢筋笼应在制作平台上成型,平台应有一定的尺寸(大于最大钢筋笼的尺寸)和平整度。

钢筋笼制作的作业内容如下:

（1）钢筋加工:除锈、调直、切断、弯折、焊接;

（2）桁架制作(当有此要求时);

（3）钢筋的铺设与架立;

（4）箍筋与主筋连接(绑扎和焊接);

（5）架立筋或桁架与主筋焊接;

（6）补强筋焊接;

（7）保护层垫件焊接;

（8）墙段连接件和其他预埋件焊接(当有此要求时);

（9）罩布装挂及其他作业。

钢筋笼制作时要确保钢筋的规格、数量、位置和间距符合设计要求,并按规定焊接牢固。制作钢筋笼常用的设备有弧焊机、对焊机、气压焊机、点焊机、钢筋切断机、钢筋弯曲机等。

根据水下浇筑混凝土的施工适应性和钢筋笼的变形情况,钢筋笼纵向主筋接头原则上采用电弧焊搭接接头;在结构上和施工上采用搭接接头有困难时,可采用闪光对焊、气压焊、套筒螺纹连接、套筒压接等形式的接头,但须验证其可靠性。钢筋笼主筋的搭接长度标准应高于地面工程的钢筋搭接长度标准,双面焊的焊缝长度应不小于钢筋直径的 10倍,单面焊的焊缝长度应不小于钢筋直径的 20 倍。

主筋接头应尽量布置在墙体应力较小的部位,并错开上下位置。在长度为钢筋直径 35 倍且不小于 500mm 的区段内,同一根钢筋不得有两个接头;在该区段内有接头的受力钢筋截面积占受力钢筋总截面积的百分率不宜超过 25%。

钢筋笼箍筋与主筋的连接,除四周的纵横交叉点需全部焊接外,其他交叉点可交错焊接 50%,其余 50% 用直径 0.8mm 的退火铁丝绑扎。交叉点一般采用电弧填角焊,也可采用点焊,应注意不要因为焊接而减少主筋和箍筋的断面。焊接点的临时绑扎铁丝焊后应全部拆除。

钢筋笼的焊接工艺和质量,除满足防渗墙的特殊要求外,还应符合《钢筋焊接及验收规程》(JGJ 18—2012)和其他有关标准的规定。

为防止钢筋笼变形,吊点处的箍筋应使用直径较大的水平钢筋或型钢代替,也可使用钢板补强。吊点处必须根据起吊方式焊接适当的吊耳,不得将钢丝绳或 U 形卡直接套在水平钢筋上。

分节下设钢筋笼在孔口连接时,先下入槽孔内的钢筋笼须通过横穿其上部的钢梁支承在导墙上。钢筋笼的支承位置要预先设计好,此处的横向钢筋必须加强,不得产生变形和破坏,其承载能力应大于该部位以下全部已连接成一体的钢筋笼的自重。

为了便于钢筋笼顺利插入孔内,并避免下端钢筋头碰伤孔壁,钢筋笼主筋下端应稍向内弯折,做成收口状。

钢筋笼制作的允许偏差见表 7-1。

表 7-1 钢筋笼制作的允许偏差

序号	项目	允许偏差
1	主筋间距	±10mm
2	箍筋和加强筋间距	±20mm
3	钢筋笼长度	±50mm
4	钢筋笼弯曲度	≤1%

3. 钢筋笼运输

在施工现场可以进行加工和制作钢筋笼时,一般用起重机吊运。当不在现场制作钢筋笼时,应根据钢筋笼的尺寸和重量选择适当的卡车或拖车运输。在运输之前须了解沿途道路情况和交通规则的限制。运输钢筋笼的道路应平坦,并有足够的宽度和与钢筋笼长度相适应的转弯半径。

起吊、装卸和运输方法务必能确保钢筋笼在搬运过程中不发生不能恢复的变形。

4. 钢筋笼下设

下设钢筋笼前应及时做好各项准备工作,严格检查槽孔孔形并试下小型钢筋笼。清孔换浆合格后立即下设,中途不应中断,尽量缩短下设时间,以减少孔底淤积的增加。钢筋笼入槽定位允许偏差:标高 ±50mm、垂直墙轴线方向±20mm、沿轴线方向±50mm。

下设钢筋笼的要求和原则有:

(1) 起吊时不发生变形和破坏;

(2) 垂直、准确插入槽孔;

(3) 连接牢固、顺直、快速。

吊放钢筋笼的应注意下列事项:

(1) 钢筋笼的吊装点和承重点必须充分加强,并设置适当的专用吊耳。

(2) 当钢筋笼的长度、重量较大时,应采用双机或双钩同时起吊钢筋笼的头部和中部,并用地锚绳拉住钢筋笼的底部。控制头部和中部的提升速度,使钢筋笼在不发生变形的情况下,逐渐由水平状态转成垂直状态。起吊钢筋笼可以使用一台吊车,也可用两台吊车。用一台吊车起吊时因主钩与副钩提升速度不同,要注意随时调节。

(3) 钢筋笼起吊时,下端不得在地上拖。为防止吊起时摆动或与其他物体碰撞,在钢筋笼的下端可拴系牵引绳。

(4) 起吊钢筋笼用的吊机应有足够的起重能力,吊具应具有足够的强度,并留有适当的安全余地。钢筋笼上部应至少设置四个吊点,并通过用型钢制作的吊架与吊机的吊钩连接,吊架与钢筋笼之间的吊索应垂直,其位置应对称、均匀。吊架与吊钩的连接有二索和四索两种,可根据具体情况选择。

（5）各类吊索的长度应完全相等，起吊前必须仔细检查和调整，以确保钢筋笼垂直吊入槽内，任何歪斜都可能造成入槽困难。

（6）钢筋笼进入槽内时，吊点中心必须与槽孔中心对准，然后缓慢平稳地下降。此时要注意防止因起重臂的摆动及风力而引起钢筋笼横向摆动，造成槽孔壁面的坍塌。下放要慢，最后准确地固定在设计要求的深度上。

（7）当钢筋笼入槽受阻时，应重新吊出，查明原因采取相应措施解决，决不能强行插入；否则会引起钢筋笼变形或槽壁坍塌，并产生大量沉渣。

（8）当钢筋笼有接头时，要确定一根主筋为测量长度的标准，避免产生长度或高程的误差。

5. 钢筋笼的连接

当钢筋笼分段下设时，须在孔口逐段连接上、下主筋。下段钢筋笼入槽后，临时穿钢管搁置在导墙上，顶端露出孔口 1m 左右，然后吊起上段钢筋笼与其连接。连接前应检查上、下钢筋笼的垂直度，并对准位置。

钢筋笼的连接形式有以下几种，可根据具体情况选用：

（1）搭接焊接。一般只能单面焊接，此时焊缝长度应不小于 30 倍钢筋直径。此种连接形式劳动强度大，耗用时间长，适用于钢筋的直径和密度较小的情况。

（2）套筒连接。有压接套筒和螺纹套筒两种类型，都有专用施工设备。这种连接形式施工速度快，劳动强度小；但要求钢筋笼有较高的加工精度，否则难以在吊装时将上段钢筋笼的所有主筋同时插入下段钢筋笼主筋头上的套筒中，可能有部分主筋需中途改用其他连接形式。当主筋间距较小时，压接工具伸不进去，就不可能采用套筒压接形式。

（3）钢板连接。将钢筋笼所有主筋的端部均焊在一块通长钢板上，吊装时将上下段钢筋笼端部预先焊好的钢板对齐并连接起来。这样一来，大量的焊接工作就可提前进行，因此可以大幅度地减少钢筋笼的下设时间。钢板的连接可以采用焊接和螺栓连接两种方法；也可采用在螺栓连接的基础上加部分帮条焊接补强的连接方法。

二、预埋灌浆管

当需要对混凝土防渗墙以下的基岩进行帷幕灌浆时，为了避免在墙内钻孔，可以在防渗墙浇筑混凝土以前预埋灌浆管，也可以埋管后再拔出形成预留孔。预埋管和预留孔也可用于安装观测仪器等其他用途。

经验之谈

一般来说，预埋管或预留孔所使用的拔管管模应具有足够的刚度及强度，管模的结构应有助于最大限度减少起拔阻力，并保证在已成孔段不出现负压。管接头应牢固。下设前，应在地面上试组装，检查其是否顺直，其弯曲度应小于1%。

1. 灌浆管

在水利水电工程施工中，防渗墙内预埋灌浆管的情况较多。多使用钢管作为预埋管，为降低成本，有的工程使用塑料管。管径通常为 $100 \sim 150mm$，埋管间距多为 $1.5 \sim 3.0m$。见图 7-2、图 7-3。

为保证预埋管位置准确和避免在浇筑混凝土时移位、弯曲，常采取如下措施：

（1）若防渗墙配置有钢筋，灌浆管应按设计位置固定在钢筋笼上，与钢筋笼一起下入槽孔中；

（2）若墙内不配置钢筋，则应在槽孔中设置定位架固定灌浆管；

（3）在预埋管的上端用卡管器等专用设施固定在槽口板上。

如措施得当，预埋灌浆管法可取得预期效果。但在深孔中预埋灌浆管，容易产生过大的弯曲和消耗大量的管材。长江三峡工程二期围堰防渗墙预埋灌浆管，采用了在管口、管底和沿深度每隔 $9 \sim 13m$ 布设 1 个定位架的方法，共埋设灌浆管 11514m，最大深度 73.5m，全部获得成功。

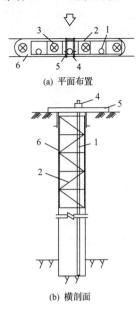

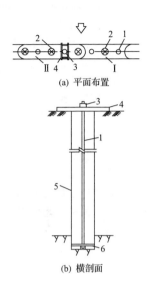

图 7-2 有钢筋笼预埋管
布置与定位示意图

1—预埋管；2—钢筋笼；3—导管；
4—管夹；5—孔口架；6—槽孔

图 7-3 无钢筋笼预埋管
布置与定位示意图

1—预埋管；2—导管；3—管夹；
4—孔口架；5—槽孔；6—定位盘与
脚支承架；Ⅰ—一期槽孔；Ⅱ—二期槽孔

2. 拔管预留灌浆孔

拔出预埋的灌浆管形成预留孔，可以节省管材；另外有的专用预留孔不允许管子留在孔中。拔管法都用钢管作为管模，有两种施工方法。

（1）热拔法。埋管前在管模外面涂刷一层 5mm 厚的热熔性材料（一般为石腊和松香），管模埋入混凝土后加热钢管，熔化涂料，拔出管模。

（2）冷拔法。管模不作专门处理，直接埋入混凝土中，待底部混凝土初凝后开始起拔管模，渐至拔出。管模起拔时间的控制是成败的关键,过早可能形不成孔洞,太迟可能管模拔不出来。采用普通混凝土一般浇筑 3h 以后可以活动管模,4.5h 后可以开始跟随浇筑速度起拔,并保持比混凝土浇筑滞后一定的时间,即混凝土的脱管龄期。掺加粉煤灰等外加剂时起拔管模的时间延长 6～7h。此外,管模的底部还须安装一个既能防止混凝土进入管内,又不妨碍泥浆进出的特制管靴。

三、观测仪器埋设

在防渗墙墙体内埋设观测仪器进行原型观测,可以监测墙体的受力和变形状况,了解防渗墙的工作状态,判断工程运行安全,验证设计并为科学研究等提供基础资料。

1. 观测仪器及观测项目

防渗墙原型观测的项目主要有墙体的变形、渗透压力以及土压力。使用的观测仪器主要有应变计、倾斜仪、钢筋计、渗压计和土压力计等。

几种常用的防渗墙观测仪器及其观测项目与埋设方法见表 7-2。

表 7-2   常用防渗墙观测仪器及其观测项目与埋设方法

观测项目	观测仪器	观测内容	埋设方法
防渗效果	渗压计	墙体或地层内的渗透水压力	通过钻孔安设
墙身结构应力	应变计	防渗墙体混凝土的变形	吊索法或钢构架法
	无应力计	防渗墙体混凝土自身体积的变形	吊索法或钢构架法
	钢筋计	防渗墙体内钢筋的应力	焊接或连接在钢筋笼上
土压力	土压力盒	防渗墙受到的土压力	挂布法或液压缸定位法
墙体水平位移	倾斜仪	防渗墙在水平方向上的位移	通过钻孔或预留孔安设
不均匀沉陷	沉陷管	墙身及坝体的沉陷量	预埋钢管法

2. 仪器埋设方法

根据各种仪器的特征,通常采用的埋设方法有吊索法、挂布法、推顶法、套管法、钻孔法和钢构架法等。

(1)吊索法。此法是将要埋设的应变计固定在悬吊于槽孔内的尼龙绳上,而后浇入混凝土中。尼龙绳的位置按设计要求下设,其上端固定在孔口定位架上,下端悬挂沉重块绷紧固定。

用吊索法下设应变计的施工,首先要对仪器作下设前的检查。施工顺序如下:

1)槽孔验收合格后,将两根丈量标记好的钢丝绳下端固定在铸铁沉重块吊耳上,另一端系在冲击钻机的两个副卷扬上或吊车的挂钩上。

2)将两根丈量标记好的尼龙绳,下端绑牢在沉重块吊耳上,上端通过槽孔口上支撑横梁的滑轮将两根尼龙绳分别拉至左右侧,用人力拉紧。

3)检查钢丝绳、尼龙绳固定无误后,开始下放沉重块,下放时注意保持沉重块水平,当最下层仪器的绑扎位置距槽口高 1m 时停止下放,开始绑扎最下层仪器。

4)绑扎仪器。①仪器的电缆端朝下,仪器的标距中心对准绑扎位置后,在仪器两端凸缘盘内用♯18 铅丝绑牢,然后再绑于尼龙绳上。上端铅丝在尼龙绳上固定不应太紧,只要使仪器保持垂直即可。下端铅丝与尼龙绳绑扎牢,勿使仪器滑动。②当应变计固定好以后,用铅丝在仪器上下端各绑牢保护框一个,保护框距仪器 10~15cm。③最后用布带将上下游面仪器电缆分别绑于左右侧钢丝绳上。到此第一层仪器绑扎完毕。

5)检查已绑仪器无误后,继续下放沉重块,下放时要求速度缓慢均匀,钢丝绳与尼龙绳同步,严格保持沉重块处于水平状态,在下放过程中每间隔 1.0m 沿钢丝绳将电缆用布带绑扎一道。

6)当沉重块下放至第二层仪器绑扎处,继续进行仪器绑扎,方法同第一层。以后各层仪器绑扎方法均相同。

7)按一定间隔用方形保护框将钢丝绳和尼龙绳固定,使钢丝绳和尼龙绳同步下沉,保持相对位置不变,避免扭转和偏移。

8)下放至无应力计位置时,将预制成型的无应力计上下端四个吊耳的细钢丝绳用钢绳卡子与沉重块的钢丝绳固定牢,电缆沿钢丝绳分段绑扎。

9）整个槽孔的仪器全部安装完毕,并到达仪器埋设设计位置后,将孔口定位架横跨槽孔固定好。将钢丝绳和尼龙绳分别拉紧固定于定位架上。

10）缓慢放松钢丝绳,检查固定在定位架上的钢丝绳是否牢靠,将定位架以上多余的钢丝绳、尼龙绳割掉,并拆除支撑横梁,将电缆整理成束,置于临时贮存箱内。

仪器下设后,在浇筑混凝土过程中应经常检查各项初期测值是否正常。

（2）钢构架法。此法是先用角钢组装一个钢构架,将各种仪器按设计要求安装在钢构架的相应位置上,然后将钢构架下到预定位置,各种仪器即下设完成。此法是常用的一种方法,它具有安装精度高,可靠性好,施工方便快捷等优点。

（3）挂布法。此法主要用来埋设土压力计。它是将土压力计预先安装在一块围尼龙布的帘上,然后将布帘悬挂于钢筋笼侧面一并下入槽孔中,接着向槽内浇筑混凝土,利用新浇混凝土的侧压力将土压力计推向槽壁。挂布法的施工步骤如下:

1）制作挂布帷幕,即将尼龙布拼幅成一定宽度和高度,把安装有沥青囊的土压力计用塑化后的聚氯乙烯胶泥粘贴在布帘上。然后在布帘上固定纵向尼龙绳,尼龙绳上沿绑在角钢上,下沿绑在钢筋上。

2）将已装好土压力计的挂布帷幕展开铺挂在钢筋笼上,适当固定。电缆留有充分余地固定在钢筋笼上。做好起吊钢筋笼的准备工作。

3）量测并记录仪器下设前的测值。

4）挂布帷幕随同钢筋笼一起吊入槽孔内,量测并记录仪器下设后的测值。

5）向槽孔中浇筑混凝土。浇筑过程中用接收仪器连续观测土压力计读数,监视土压力计随混凝土浇筑面上升与槽孔侧壁接触情况的变化。

挂布法的关键技术是利用布帘将混凝土与槽孔壁隔离开来，以保证混凝土或砂浆不流入土压力计的承压面。因此，布帘必须有足够的宽度，其宽度的确定方法主要取决于浇筑混凝土时导管与挂布之间的相对位置。当槽孔长度在4m以下时，可采用一根导管浇筑，导管布置在挂布的中间，挂布宽度为槽孔长度的 1/3～2/3，且不小于 2m。当槽孔长度大于 5m 时，应采用两根导管浇筑，挂布宽度为槽段长度的 2/3，且不小于导管间距。土压力计至布帘的下沿应大于6m，至布帘的上沿应大于 2.5m。

（4）液压缸定位法。此法是将土压力计装设在一个特制的液压缸顶端，一起安装在钢筋笼或钢构架上。土压力计随同钢筋笼下入槽孔中，在浇筑混凝土前，启动液压缸将土压力计推至与槽壁接触，同时施加初始压力。保持在槽孔浇筑过程中土压力计的位置不变。液压缸有时也可用气缸代替。此法的施工程序如下：

1）在钢筋笼（或钢构架）上固定液压缸组件。

2）安装仪器和压力管路，做压水试验。对仪器作下设前的检查。做好钢筋笼起吊的准备工作。

3）将钢筋笼吊入待浇筑的槽孔内就位。向液压缸加压，推出土压力计使之贴紧槽孔侧壁。此时应控制压力由小增大，使土压力计慢慢推向壁面。

4）利用接收仪器，探测土压力计与槽壁的接触情况。当测值表明土压力计已与槽壁接触后，增加液压缸的压力使土压力计达到初始压力的读数。

5）浇筑混凝土，连续观测土压力计读数随混凝土面上升时的变化情况，维持土压力计的初始压力。

6）当浇筑的混凝土覆盖所有的土压力计一定深度后，或在混凝土浇筑结束后，卸除液压缸的压力。

7）检查所有仪器在混凝土浇筑后的测值。

此法的关键技术是：要加工好液压缸和土压力计组件；当土压力计推至槽壁后，应适当掌握压力以排开土压力计与壁面之间的固壁泥浆；为了保持埋设位置的准确和在浇筑期

间不使混凝土和砂浆流入土压力计的承压面,应另加砂囊并给土压力计施加一个初始压力。这个初始压力可按下列原则掌握:

1)初始压力应大于埋设点的浆柱压力;

2)初始压力应满足槽壁稳定性的要求;

3)初始压力应小于土压力计的量程。

3. 埋设观测仪器的注意事项

(1)埋设仪器的槽孔孔壁、孔底应平整,无障碍物。仪埋断面最好设在二期槽孔,施工干扰可少一些。

(2)仪器下设前都要做好率定和密封,仪器、电缆和观测系统都要在地面进行严格检查和试运行,确保完好无误。

(3)充分做好埋设仪器的各项准备工作,尽量减少下设仪器的时间,减少槽孔底部泥沙沉积,防止事故。

(4)仪器下设完成后要经专业人员验收,方可浇筑混凝土。浇筑时对混凝土上升速度、混凝土面的高差等,应有专门要求,避免发生事故,确保浇筑质量。

(5)混凝土浇筑后,应妥善保护电缆,严防弄乱或损坏,按时进行初期观测,及时整理有关资料,移交主管单位。

第二节　混　凝　土　浇　筑

混凝土浇筑是防渗墙施工的关键工序,所占的施工时间不长,但对成墙质量至关重要。防渗墙混凝土采用泥浆下直升导管法浇筑,自下而上置换孔内泥浆,在浆柱压力的作用下自行密实,不用振捣。单个槽孔的浇筑必须连续进行,并在较短的时间内完成。由于浇筑过程不能直观了解,质量问题不易及时发现,所以必须加强管理,严格按照工艺要求操作,充分做好各项准备工作。

一、浇筑前的准备工作

防渗墙混凝土浇筑前应周密组织,精心安排,做好以下准备工作:

(1)制订浇筑计划。其主要内容有:浇筑方法、计划浇筑方量、供应强度、浇筑高程、浇筑导管及钢筋笼等埋设件的布置、开浇顺序、混凝土配合比、原材料的品种及用量、应急措施等。

(2) 进行混凝土配合比试验和现场试拌,确定施工配合比。

(3) 绘制混凝土浇筑指示图,如图 7-4 所示,其主要内容有:槽孔纵剖面图、埋设件位置、导管布置、每根导管的分节长度及分节位置、计划浇筑方量、不同时间的混凝土面深度和实浇方量、时间—浇筑方量过程曲线等。在混凝土浇筑指示图中,各节导管的上下位置应倒过来画;以便在浇筑过程中直观了解管底已提升到了什么位置。

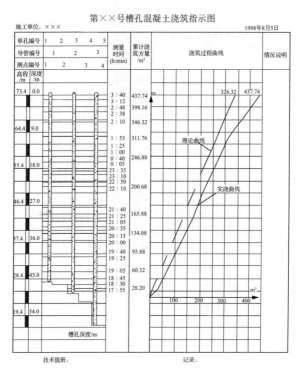

图 7-4　混凝土浇筑指示图

（4）备足水泥、砂、石等原材料和各种专用器具、零配件，并留有备用。

（5）对混凝土拌和设备、运输车辆以及各种浇筑机具进行仔细检查和保养。

（6）维修现场道路，清除障碍，保证全天候畅通。

（7）配管。根据孔深和导管布置编排各根导管的管节组合，并填写配管记录表。

（8）完成钢筋笼、灌浆管等预埋件的下设准备工作和接头管下设、起拔等准备工作。

（9）组织准备。召开槽孔浇筑准备会议，进行交底和分工，并明确各岗位任务和职责。与协作单位进行沟通，商定配合事宜。

二、浇筑导管

1. 导管的结构

导管有三种连接方式，即法兰盘连接、丝扣连接和柔性键连接。法兰盘连接用橡胶垫止水，另外两种都用 O 型密封圈止水。法兰盘连接的优点是结构简单，容易制作；缺点是接卸麻烦，费时费工，且起管阻力较大。丝扣连接的速度快于法兰盘连接，但接头较笨重。操作最简便的是钢丝绳柔性键连接，应优先选用。不论何种连接形式，均应保证连接牢固和密封可靠。导管应能承受 1.2～1.5MPa 的压力，导管及其接头均需进行水压试验，合格后方可使用。

混凝土浇筑导管的内径不应小于最大骨料粒径的 6 倍，一般为 200～250mm，有条件时采用较大直径的导管有利于浇筑施工的顺利进行。导管的内径必须完全一致，否则容易造成堵管事故。导管可用钢板卷制，也可用无缝钢管制作；管壁厚度一般为 3～5mm，单节长度一般有 2m、1.5m、1m、0.5m、0.3m 等数种。

2. 导管配置

配置导管时要在每套导管的下部设置几节长度为 0.3～1.0m 的短管，以便在接近浇筑完毕时能根据需要随时拆卸、提升导管。因为在防渗墙混凝土的终浇阶段，导管内外的压力差较小,浇筑不畅,经常满管;所以此时导管的埋深不能过大,又不能提出混凝土面,短管即可解决此问题,但底节不能用短管。底节导管是专用的,长度一般为 2.5～3.0m,其下端不带法兰盘或其他形式的连接件。最上面一节导管也应采用长度 0.3～0.5m 的短管,以便开浇后能及时拆除该管节,使管底能尽早离开孔底部位,缩短混凝土出口不畅的时间。其他部位的管节长度一般为 1.5～2.5m,这种长度的导管用量最多。

开浇时导管底口距孔底应控制在 15～25cm 范围内。导管上端伸出孔口的长度应尽量减少,能在连接件下面插入支承架即可,一般为 30cm 左右。单根导管的计划长度根据该导管所在位置的孔深和上述配管要求确定。采用法兰盘连接时,单根导管的实际长度等于各管节的累计长度加上胶垫的累计厚度。采用其他连接形式时,单根导管的实际长度等于各管节长度之和,O 型密封圈不增加导管的长度。

导管的顶端配有混凝土进料漏斗,其高度要便于混凝土的卸料。漏斗的容积要足以保证卸料时混凝土不会溢出。

3. 导管的布设

导管应布置在防渗墙中心线上,间距一般不宜大于 4.0m,导管距槽孔两端或接头管的距离宜为 1.0～1.5m,据此确定不同长度槽孔需要设置导管的根数。当采用一级配混凝土或浇筑速度较快(上升速度 3m/h 以上)时,最大导管间距可放宽到 5.0m。此外,当槽孔底面高差大于 25cm 时,导管应布置在其控制范围的最低处,并从最低处开始浇筑。

导管的下设和提升可以使用造孔钻机,也可以使用吊车。使用钻机的优点是提动导管比较灵活,可随时活动导管;缺点是提升力和提升高度较小,占用钻机的造孔时间。吊车的提升能力较大,一般不容易发生埋管事故,但活动导管的速度较慢。用钻机提管时,最好每台钻机固定位置,只提一根导管。

单元槽孔造孔结束之后,即可按照各套导管的配置计划和起吊设备能提起的高度,在地面预先分段连接并编号,以减少下管时的连接时间。下设导管最好用吊车,这样可以加快下管速度。下设导管之前应做好提管设备就位、导管运至现场、管位标示、摆放支承架、专用器材清点等准备工作,各套导管要按下设顺序排放在孔口附近。下设导管应有专人负责指挥和记录,起吊和连接都要注意安全,忙而不乱,紧张有序地进行。由于下管有时间限制,特别是要下钢筋笼和接头管的槽孔,时间更为紧张;因此,应尽可能同时下设各套导管。整根导管连接完毕后,应先放到孔底后再提起 15~25cm;这是避免发生下管错误最可靠的办法。

浇筑导管的安装方法如图 7-5 所示。

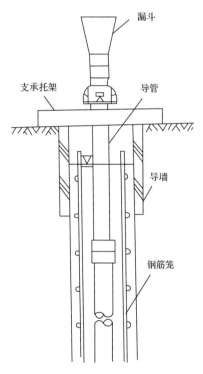

图 7-5 防渗墙混凝土浇筑导管的安装

三、混凝土的拌制和运输

保持一定的浇筑速度对于保证防渗墙的浇筑质量十分重要,为了避免各种故障对浇筑速度的不利影响,混凝土的拌和及运输能力应不小于最大计划浇筑强度的 1.5 倍。混凝土的拌和、运输应保证浇筑施工能连续进行。若因故中断,中断时间不宜超过 40min;否则将会给混凝土的浇筑造成很大困难,甚至发生浇筑无法继续进行的重大事故。

1. 混凝土的拌制

防渗墙混凝土的拌和可采用各种类型的混凝土搅拌机。有条件时应利用工地现有的大型自动化拌和系统和骨料生产系统,以提高拌和速度和拌和质量。施工单位自行拌制混凝土时,可使用小型自动化搅拌站或临时搭建的简易搅拌站,应尽量避免采用人工上料的拌和方法。

混凝土拌和配料,必须按照试验室发出的配比单准确计量,误差不得超过规定的标准。第一盘(车)混凝土应取样检测其坍落度和扩散度,不合规定要求时,应及时调整配合比;以后每隔 3~4h 检测一次。当采用非自动化搅拌机拌制混凝土时,每次的纯拌时间应不少于 2min,以保证拌和均匀。塑性混凝土宜采用强制式搅拌机拌和,并适当延长搅拌时间。

2. 混凝土的运输

在选择混凝土的运输方法时,应保证运至孔口的混凝土具有良好的和易性。混凝土的运输包括水平运输和垂直提升,因为运至施工现场的混凝土需要先放进具有一定高度的分料斗中,而不能与单根导管对口浇筑。

水平运输一般应采用混凝土搅拌运输车,必要时可与混凝土泵相配合。用其他车辆运输混凝土会发生离析,容易引发浇筑事故,不能保证浇筑质量。人工运输难以满足浇筑强度的要求,现在很少采用。

防渗墙混凝土浇筑虽然需要垂直提升的高度不大,但也不能没有相应的措施。常用的垂直提升方法有以下几种:

(1)混凝土泵兼作水平运输和垂直提升设备;

（2）小型皮带机送料至分料斗；

（3）吊罐与吊车配合送料至分料斗；

（4）搭设预制斜坡马道板(钢制)抬高搅拌运输车的出料口。

此外,还有利用地面高差直接送料进分料斗等方法,可根据现场条件选择一种操作简便、倒运环节少、浇筑速度快的垂直提升方法。

四、混凝土浇筑过程控制

1. 开浇阶段的控制

开始浇筑混凝土前,须在导管内放入一个直径比导管内径略小的、能被泥浆浮起的胶球作为导管塞,以便将最初进入导管的混凝土和管内的泥浆隔离开来。其他形式的导管塞容易造成开浇事故,不能保证开浇质量,不宜采用。为确保开浇后首批混凝土能将导管下口埋住一定深度（至少30cm),应计算和备足首次连续浇入的混凝土方量,其中包括导管内的混凝土量。为了润湿导管和防止混凝土中骨料卡球,浇注混凝土前宜先向每根导管内注入少量的砂浆,砂浆的水灰比一般为 0.6：1。

当槽孔为平底时,各根导管应同时开浇;当槽孔底部有坡度或台阶时,开浇的顺序为先深后浅。开浇可采用满管法,也可采用直接跑球法。满管法是指管底至孔底的距离较小,塞球不能直接逸出管底,待混凝土满管后稍提导管才能逸出的开浇方法。直接跑球法是指,管底至孔底的距离较大塞球能直接逸出管底的开浇方法。采用满管法时,导管不能提得过高,管内混凝土面开始下降后立即将导管放回原位。

首批混凝土浇筑完毕后,要立即察看导管内的混凝土面位置,以判断开浇是否正常。若混凝土面在导管中部,说明开浇正常;过高则可能管底被堵塞;过低则可能发生导管破裂或导管脱出混凝土面事故。开浇成功后应迅速加大导管的埋深,至埋深不小于 2.0m 时,及时拆卸顶部的短管,尽早使管底通畅。

2. 中间阶段的控制

最上面的一节短管拆除后,混凝土浇筑进入中间阶段。此阶段的特点是导管内外的压力差较大,下料顺畅,混凝土面上升速度快。中间阶段主要有以下控制点。

(1)导管埋深控制。导管埋入混凝土的深度不宜小于2m,不宜大于6m,特别是要防止导管提出混凝土面,造成断墙事故;相邻导管底部高差不宜超过3.0m。当采用接头直径较小的导管或浇筑速度较快时,最大埋深可适当放宽。

控制导管埋深的主要方法是:

1)浇筑过程中经常测量混凝土面的深度并作记录,根据混凝土面深度、导管埋深要求和管节长度确定拆管长度和拆管时间。

2)及时提升、拆卸导管并作记录,各根导管拆下的管节要分开堆放,以便与记录核对;每次拆管后均应核对所拆管节的长度和位置是否与配管记录一致。

3)在浇筑指示图上标明不同时间的混凝土面位置和管底位置,直观了解导管埋深。

4)及时记录实浇方量,并与同一混凝土面深度的计算方量相比较,分析判断浇筑是否正常。若按所测混凝土面计算出的方量大大超过实浇方量,则说明混凝土内混入了大量泥浆或没有测到真正的混凝土面,导管的实际埋深可能不够或已脱出混凝土面,必须查明原因,采取相应的补救措施。

5)经常观察导管内混凝土面的位置是否正常,若管内混凝土面过低,则应查明原因,并加大导管埋深。

(2)混凝土面上升速度控制。混凝土面的上升速度应不小于2m/h,这是最低的要求,一般应争取达到3m/h以上。浇筑速度越快对浇筑质量越有利,浇筑速度过低有多种不利的影响,并可能引发重大质量事故。如采用混凝土防渗墙对病险水库进行加固处理,则应适当放慢浇筑速度,一般应控制在6m/h以内,以避免流态混凝土的侧压力对坝体稳定造成不良影响。

保证浇筑速度的主要措施有:

1）采用自动化和机械化程度较高的混凝土搅拌、运输方法；

2）严格控制混凝土质量，防止发生浇筑事故；

3）加强施工机械的维护保养，避免浇筑中断；

4）尽量减少混凝土的中间倒运环节；

5）轮流拆卸各根导管。

（3）混凝土质量控制。防渗墙的浇筑事故往往是由于混凝土的质量问题引起，所以在浇筑施工过程中必须严格控制混凝土的质量，层层把关，处处设防。由于原材料、骨料含水量、配料、搅拌、运输以及施工组织等方面的原因，混凝土的和易性难免出现波动。入孔混凝土的坍落度要控制在 18～22cm 的范围内，且不得存在严重离析现象；和易性不好的混凝土绝对不能使用。控制入孔混凝土的质量可采取以下措施：

1）采用和易性较好、坍落度损失较小的配合比；

2）采用自动化程度较高、生产能力较强的搅拌系统和搅拌运输车供应混凝土；

3）及时对砂石骨料的含水量和超逊径进行检测，加强原材料的质量控制；

4）加快浇筑速度，避免浇筑中断，新拌混凝土要在 1h 以内入孔；

5）定时检查新拌混凝土的坍落度，开浇时一定要检查，不合格的混凝土不运往现场；

6）设专人检查运至现场的混凝土的和易性，不合格的混凝土不要放进分料斗；

7）槽孔口应设置盖板，放料不要过猛、过快，避免混凝土由管外撒落槽孔内。

（4）混凝土面高差。槽孔浇筑过程中要注意保持混凝土面均匀上升，各处的高差应控制在 0.5m 以内。混凝土面高差过大会造成混凝土混浆、墙段接缝夹泥、导管偏斜等多种不利后果。防止混凝土面高差过大的主要措施有：

1）尽量同时浇筑各根导管；

2）注入各根导管的混凝土量要基本均匀；

3）导管的平面布置应合理，要考虑槽孔两端孔壁的摩擦阻力；

4）准确测量各点的混凝土面深度，根据混凝土面上升情况及时调整各导管的混凝土注入量；

5）尽量缩短提升、拆卸导管的时间；

6）各根导管的埋深应基本一致；

7）避免发生堵管、铸管等浇筑事故。

3. 终浇阶段的控制

当混凝土面上升至距孔口只剩 5m 左右时，槽孔浇筑进入终浇阶段。此阶段的特点是槽孔内的泥浆越来越稠，导管内外的压力差越来越小，导管内的混凝土面越来越高，经常满管，下料不畅，需要不断地上下活动导管。此时用测锤已很难测准混凝土面。终浇阶段的主要施工要求是全面浇到预定高程，避免产生墙顶欠浇、高差过大、混凝土混浆过多、墙段接缝夹泥过厚等缺陷。由于泥浆下浇筑的混凝土表面混有较多的泥浆和沉渣；因此一般都要求混凝土终浇高程高出设计墙顶高程至少 0.5m，以后再把这部分质量较差的混凝土凿除。

终浇阶段的控制措施主要有：

（1）适当加大混凝土的坍落度，避免坍落度小于 20cm 的混凝土进入导管；

（2）及时拆卸导管，勤拆少拆，适当减少导管埋深；

（3）经常上下活动导管；

（4）增加测量混凝土面深度的频次，及时调整各根导管的混凝土注入量；

（5）采用带有取样盒的硬杆探测混凝土面；

（6）槽内插入软管，用清水和分散剂稀释孔内泥浆。

五、其他注意事项

（1）施工应严格按计划进行，实际执行情况（包括导管下设、拆卸情况，混凝土开浇情况，混凝土顶面测量等）都应用专用表格详细记录。

（2）槽孔口应设置盖板，避免混凝土由导管外散落槽孔内。

（3）正常浇筑时，测量混凝土面的间隔时间要固定（一般为 30min），以便从浇筑指示图上能直观了解混凝土面上升速度的变化情况。特殊情况可在此基础上再加密测量。

（4）测量混凝土面用的测锤的形状和重量要适当，不能用测量孔底沉渣面的测饼代替，以免将沉渣表面误认为混凝土面。一般可采用上底直径 30mm，下底直径 50mm，高 100mm 的钢制测锤。

（5）在预计混凝土浇筑方量时，应将理论方量乘以超挖系数（扩孔系数）。超挖系数的取值范围可参照表 7-3。

表 7-3　　　　　　不同地层的超挖系数

造孔设备	黏土、粉土层	密实砂砾石	松散砂砾石层	漂卵石层
钢丝绳冲击钻机	1.10～1.15	1.15～1.20	1.20～1.25	1.25～1.30
抓斗挖槽机	1.05～1.10	1.10～1.15	1.15～1.20	—

（6）夏季施工和浇筑高标号混凝土时，要尽量减少停等，以防混凝土坍落度损失过大造成堵管事故。

（7）防渗墙混凝土浇筑中，供料中断和堵管事故是经常发生的，事先一定要有预案，一定要准备好处理堵管事故的机具。

（8）浇筑过程中发生事故时，要及时采取适当措施处理，切勿久拖不决；否则混凝土失去流动性后更难处理，可能带来更大的损失。

♡经验之谈

　　混凝土浇筑过程中发生导管堵塞、拔脱或漏浆需重新下设时，必须采取的措施为：
　　1. 将导管全部拔出、冲洗，并重新下设，抽净导管内泥浆继续浇筑；
　　2. 继续浇筑前必须核对混凝土面高程及导管长度，确认导管的安全插入深度。

第三节　其他墙体材料填筑

一、自凝灰浆

1. 制浆

自凝灰浆先用于造孔护壁,然后自行凝固成墙;故要求造孔的速度较快,否则造孔工作尚未完成,槽内泥浆已开始凝固,造孔工作则无法继续进行。自凝灰浆一般采用"两步法"制备:

(1) 先按设计配合比用水、膨润土、分散剂(Na_2CO_3)制成膨润土泥浆,然后放入泥浆池膨化 24h 备用;

(2) 膨化好的膨润土泥浆用泥浆泵输送至高速搅拌机中,按设计配合比加入水泥和缓凝剂,搅拌 2min 后即可直接送入槽孔使用,或送入储浆池中备用。

2. 注意事项

(1) 自凝灰浆密度高,会凝结,建造槽孔时只能采用泥浆非循环法,且最适用的造孔施工设备是间断出渣的抓斗或长臂反铲。

(2) 自凝灰浆防渗墙成槽施工可采用连续成槽法或间断成槽法,无论采用哪种方法,成槽施工应在该部位槽内灰浆初凝前完成。因此工程开工前,要对灰浆的凝固特性进行试验,准确掌握灰浆的初凝时间。

(3) 各槽段施工结束,静置 24h 后,应抽去泌水,补入新制灰浆。

(4) 槽内浆体凝固后,应用厚度不小于 0.3m 的湿土覆盖墙顶。

二、固化灰浆

固化灰浆的施工方法可分为原位搅拌法和置换法两类。我国已有的工程实例多采用原位搅拌法。1984 年我国首次将固化灰浆防渗墙用于四川铜街子水电站,以后又在多项工程中推广应用。

1. 原位搅拌法

该方法是将水泥、水玻璃等固化材料加入槽孔泥浆内,直接在槽孔内搅拌,混合均匀后凝固成墙。原位搅拌法又可分为气拌法和机械搅拌法。若两种搅拌方法同时使用则效果更好。

(1)气拌法。该法的机具、工艺比较简单,墙段接缝紧密,施工速度快。其施工程序如图 7-6 所示。

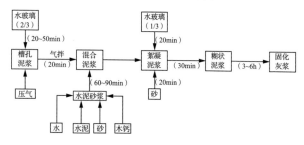

图 7-6　固化灰浆施工程序

1)造孔完毕后,计算槽孔容积和需要加入的固化材料的用量。

2)安装孔内风管。孔内风管一般用 $1''$(1 英寸 = 2.54cm)铁管制作。每根风管均应下到槽底,风管底部应安装水平出风花管,风管间距应不大于 2m。

3)空压机就位,接装孔外风管(软管),通风搅拌槽孔内泥浆 10min。空压机的额定压力应不小于孔内浆柱压力的 1.5 倍。

4)向槽孔内加入水玻璃,并继续通风搅拌 20min 左右。为提高浆液的流动性,先加入水玻璃总量的 2/3。

5)边搅拌边加入水泥和剩余的水玻璃等固化材料。在加料的同时抽出孔内上部多余的泥浆,加料应在 2h 内结束。为便于水泥分散,水泥宜搅拌成水泥砂浆加入孔内,水泥砂浆的密度不宜小于 1.7g/cm^3。孔深较大的部位应先送风,加料途中不得停风,加料结束后应继续气拌至少 30min。

6)拔出风管,并从槽内 2~4 个不同部位取样装模成型试件。

气拌法施工注意事项：

1）气拌过程中，要观察槽孔内浆液的翻滚情况，适当控制风量的大小。施工开始时浆液稠度较小，风量不宜过大，否则影响槽壁稳定。当浆液稠度增大后，须逐渐加大风量。施工过程中不得停风，否则会降低浆液的流动性，影响固化灰浆质量。

2）孔内通风铁管下设完成后应固定在孔口，防止偏斜和上浮。地面风管不宜过长，否则压力损失大。每根风管需接一个压力表和一个控制阀。

（2）机械搅拌法。此法是在向槽内泥浆加入固化材料的过程中，用机械搅拌孔内的混合浆液。搅拌的工具可用 $1 \sim 1.5t$ 重的十字形冲击钻头，也可用特制的梳齿形搅拌器。提升设备可用钢丝绳冲击钻机，也可用吊车。搅拌的方式是：在往复上下提动搅拌工具搅拌孔内混合浆液的同时，沿槽孔轴线方向缓慢移动其位置。直至多点取样试验的结果表明槽孔内的浆液已搅拌均匀。

2. 置换法

置换法又可分为导管法和混凝土泵法。采用置换法施工固化灰浆防渗墙时，其造孔和清孔的方法和要求同一般混凝土防渗墙。固化灰浆的原材料一般为孔内泥浆、水泥、水玻璃和砂，其配合比根据性能指标要求通过试验确定。为保证置换效果，固化灰浆的密度应不小于 $1.8g/cm^3$。

置换法固化灰浆防渗墙的浇筑方法为：

（1）抽取孔内泥浆至搅拌机内；

（2）加水泥、砂等固化材料并搅拌均匀；

（3）用泵或导管送至孔底，由下而上置换孔内泥浆。

施工过程的控制与混凝土防渗墙浇筑过程的控制要求基本相同。

浆液的搅拌最好采用 $1 \sim 3m^3$ 的大型高速灰浆搅拌机。条件不具备时，也可采用常规混凝土搅拌机，其拌制能力和均匀性应满足要求。

槽孔内混合浆液固化后,应用厚度不小于 0.3m 的湿土覆盖墙顶。

第四节　常见事故的预防及处理

防渗墙的混凝土浇筑是防渗墙施工中最重要的工序,要充分做好各项准备工作,预防事故的发生。一旦发生事故要迅速、果断、妥善处理。常见混凝土浇筑事故的原因、预防措施及处理措施见表 7-4。

第五节　混凝土防渗墙接头施工

混凝土防渗墙一般由各单元墙段连接而成,墙段间的接缝是防渗墙的薄弱环节。如果连接不好,就有可能产生集中渗漏,降低防渗效果。对接头的基本要求是接触紧密、渗径较长和整体性较好。按施工方法不同,防渗墙接头可分为钻凿法、接头管(板)法、双反弧法、切(铣)削法等施工方法。按连接形式分,常用的有平面接触型、孤面接触型、平面孤面组合型、榫槽型、多齿型。此外,还有外包塑性混凝土形成"工"字形接缝(如小浪底工程左岸坝基防渗墙)和骑缝镶止水带等特殊连接形式。不同的连接形式有不同的防渗效果。接头形式往往与造孔施工的方法和机具有关。

一、钻凿法

钻凿法即施工二期墙段时在一期墙段两端套打一钻的连接方法,其接缝呈半圆弧形,一般要求接头处的墙厚不小于设计墙厚。钻凿法墙段连接只适用于有冲击钻机参加施工的情况。墙体材料的设计抗压强度不宜超过 15MPa,防渗墙墙体材料的设计抗压强度一般都在此范围内;设计强度较高时,应采取措施控制墙体材料的早期强度,7d 的强度不宜超过 5MPa。钻凿法施工如图 7-7 所示。

表 7-4 常见混凝土浇筑事故的原因、预防措施及处理措施

事故类型	主要原因	预防措施	处理措施
卡塞	1. 导管塞的形状和材料不当; 2. 导管节受损变形过大; 3. 开浇时不先浇筑砂浆,或砂浆中含有碎石	1. 采用空心橡胶球或塑料球等塑形性能较好的且能被泥浆浮起的球形导管塞; 2. 下管前认真检查导管是否受损; 3. 开浇时要先浇筑适量的砂浆,并避免砂浆中混入碎石	如果刚开浇就发生堵塞,可判别为卡塞。导管混凝土仍下不去,应立即卸卸起部分导管,直至取出被卡住的导管,然后重新下管
堵管	1. 混凝土的配合比不当; 2. 新拌混凝土的质量不符合要求(流动性过小,严重离析,骨料超径等),造成混凝土严重离析; 3. 混凝土的运输方法不当; 4. 浇筑混凝土的方法不当,或浇筑速度过慢或中断时间过长; 5. 混凝土导管内径过小,或同一根导管中采用了不同内径的管节	1. 正确设计混凝土的配合比,保证其施工性能满足泥浆下浇筑的要求。应尽量采用一级配混凝土; 2. 严格控制新拌混凝土的质量,防止不符合格的混凝土和超径卵石进入导管; 3. 采用适当的混凝土拌削和运输方法,减少倒运环节,保证供料强度满足混凝土面上升速度的要求; 4. 做好各工序组织、准备工作,确保施工浇筑连续进行; 5. 混凝土导管的内径应上下一致,并尽量采用直径较大的导管; 6. 混凝土浇筑过程中应经常提动导管,特别是浇筑速度较慢时	1. 分析堵管原因和部位,查对记录,确认导管位置是否和理深,采取措施避免其他导管同时堵管; 2. 上下反复抖动导管,每次提升不要过高,不得猛蹾导管,以防导管破裂或粗骨料离析; 3. 抖动无效时,可在导管埋深许可的范围内提升导管,以增加导管内的压力,减少混凝土流出的阻力; 4. 若仍然无效,堵管部位不深时可下钻杆捅,较深时可用压缩空气顶推管内混凝土(事先制作带进气阀的导管的封头),所用压力应在专项无效应抓紧允许的范围内; 5. 若以上处理方法均无效,重新开浇时,管底应插入混凝土 0.5~1.0m。并用小油筒抽出管内泥浆,并至少注入 1.0m 砂浆

事故类型	主要原因	预防措施	处理措施
埋管	1. 导管埋深过大； 2. 提升机械状况不好、提升能力不足； 3. 浇筑速度过慢，长时间不活动导管； 4. 导管的形式不对、连接法兰盘直径过大等	1. 事先检修好导管提升设备，使之具有良好状态和足够的提升能力； 2. 采用阻力小的导管接头形式，减小导管接头的直径和数量； 3. 浇筑过程中勤活动、勤起拔、拆卸导管、埋深不超过6m	1. 查对浇筑记录，确认导管埋深； 2. 暂停浇筑或减缓底浇速度，避免继续增加导管埋深； 3. 改换吊车或以千斤顶配合等措施增加起拔力； 4. 必要时也可在导管口上垫上厚木板，为重新下一根备用导管，从反方向活动导管； 5. 若上述处理方法无效，应尽快在其旁重新下一根导管重新开浇。具体处理方法与堵管处理相同，用导管重新开浇； 6. 长度小于7m且下有3根导管的槽孔，当中间的导管拔不出或若浇筑速度较快，也可不再下管，而采取向中间适当移动其他导管，并保持适当埋深的措施
导管破裂	1. 孔深较大、管内的压力较大； 2. 导管的强度不够或制作质量不满足要求； 3. 处理堵管事故时向下跌管； 4. 各导管下料不均、造成导管倾斜过大	1. 按可能遇到的最不利情况包括导管遇到的最大孔深、混凝土满库及跌管时的冲击荷载； 2. 保证导管的制作质量，特别是焊接质量； 3. 新制导管及每次开浇前，应对导管进行加压试验，如采用法兰连接； 4. 下管时，各管的直径和法兰盘应符合规定要求； 5. 提升和下放导管和浇筑时动作要慢，避免过大的冲击荷载，特别是下管到下导管开浇时，要注意防止管底碰击孔底基岩； 6. 保持混凝土面均匀上升、防止导管倾斜	导管破裂的位置一般在底部的一、二节导管，不易及时发现，往往造成全槽混凝土报废的严重后果。故对于深度较大的槽孔，开浇阶段拆卸留管过程中必须严密监视管内情况，发现导管内混凝土面过低、漏水等异常情况时，应立即中断导管增埋深。在以后的浇筑中继续保持较大的埋深，防止泥浆进入管内。若破裂位置较高，则应定出破裂导管，重新下管。处理破裂的关键是及时发现事故

事故类型	主要原因	预防措施	处理措施
导管脱出混凝土面	1. 导管下设的长度和深度与计划严重不符，致使该导管的埋深误判，始终悬脱空浇筑； 2. 拆留导管记录错误，已拆的管节未记或少记，造成以后拆管时将导管提出混凝土面； 3. 混凝土面以上堆积的沉渣和混凝土过多，难以测到真正的混凝土面，造成混凝土面误判； 4. 拆管时操作不当、提管过高； 5. 混凝土面测量工具不当。	1. 下设导管时记录员应始终在旁监督并作记录，每根导管下设完毕，应接触孔底后再提起15~25cm； 2. 各根导管拆下的管节应分别堆放，每次拆管后，应核对拆管记录和实际拆卸的管节； 3. 采用优质泥浆和严格控制清孔质量，同时还应注意防止混凝土从导管外掉进孔内； 4. 由熟练人员操作钻机，拆管时不要提管过高； 5. 采用适当的混凝土面测量工具和测量方法。	1. 当发现导管内混凝土面过低，或没有泥浆进入管内时，应立即下放导管，增加管底插入混凝土深度，直至导管内情况恢复正常。为避免意外情况造成管底再次脱出混凝土面，在以后的浇筑过程中该导管应一直保持较大的埋深。 2. 如果因其他已浇筑混凝土严重漏浆，发现及时，除管内注入混浆外，无其他时间或反复发现严重漏浆的迹象，可在下放导管的同时用小油筒抽出油管内混浆，然后继续浇筑。 3. 如果长时间或反复发生大范围严重混浆，则应记录，槽内浇筑的混凝土已发生大范围严重混浆，则应果断定停止浇筑，尽快清除全部已浇混凝土、重新清孔，重新浇筑

事故类型	主要原因	预防措施	处理措施
断墙	机械故障、浇筑事故等原因造成的浇筑中断和浇筑速度过低，均可能导致孔内混凝土丧失流动性，使浇筑施工不能继续进行，发生断墙事故	1. 做好浇筑施工的各项组织准备工作，避免混凝土供应的中断。对混凝土的拌制、运输机械事先应进行检修，对其可能发生的故障应有抢修应急措施；同时还应有备用的浇筑设备或备用的浇筑方案。 2. 混凝土浇筑系统的布置、设备的选择、混凝土供应能力的确定，必须考虑在最不利条件下混凝土面上升速度的要求，并留有足够的余地。 3. 混凝土的配合比试验和设计应满足泥浆下浇筑所必需的流动性和黏聚性要求，其塌落度损失速度应控制在允许的范围内。新配合比投入使用前应进行试拌。 4. 保证混凝土的拌制、运输质量，避免发生堵管、导管破裂，导管脱出混凝土面等浇筑事故。 5. 事先准备好处理各种浇筑事故的工具和措施，并与协作单位商定好处理意外情况的配合事项，以确保一旦发生事故能迅速处理完毕恢复正常浇筑	1. 发生断墙事故将严重影响该墙段的完整性。一般情况下应首先查明原因。对断墙清孔、重新浇筑。特别是当混凝土供应已浇混凝土，重新清孔，重新浇筑。一般不应由断墙处接缝夹层处理断墙。否则以后处理断墙接缝夹层处的难度和损失更大，且难以达到预期的效果。 2. 对于临时工程或次要部位，经监理工程师同意，可在墙表不宜凿除已浇混凝土并用静压循环泥浆彻底清除沉渣后，接浇混凝土。待混凝土 14d 后，再对断墙接缝用静压灌浆或高压喷射灌浆的方法进行加固处理。 3. 如果断墙的位置较高，离设计终浇表混凝土清除后接浇混凝土。二次浇筑前在第一次浇筑混凝土顶部开凿榫槽或藏水止带。条件允许时，可将孔内泥浆、沉渣及表层混凝土清除 4. 对于重要的防渗墙工程和下有钢筋笼的防渗墙工程，发生了断墙事故又不可能返工时，除静压和高压喷射灌浆等处理方法外，还可采用在原墙的上游侧贴补一段墙的方法处理

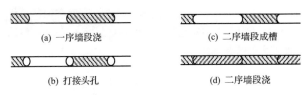

(a) 一序墙段浇   (c) 二序墙段成槽

(b) 打接头孔   (d) 二序墙段浇

图 7-7　钻凿法施工程序示意图

钻凿法的优点是结构简单、施工简便、对地层和孔深的适应性较强,造价较低;其缺点是接头处的刚度较低、需重复钻凿接头孔、费工费时、浪费墙体材料,特别是孔形、孔斜不易控制。以往国内水利水电工程的地下混凝土防渗墙多采用这种墙段连接方法,而且绝大多数取得了良好的防渗效果,防渗墙的防渗效率一般都在 95% 以上。北京密云水库坝基防渗墙等防渗墙工程已安全运行数十年,至今仍在发挥作用。

为了避免对已浇筑墙体造成不利影响,一般要求接头孔在槽孔浇筑结束后 24h 开钻;对于塑性混凝土,待凝时间应更长一些。为了便于开孔,可提前形成一个 2～3m 深的导向坑。

接头孔偏斜对墙段连接处的墙厚有不利影响。由于墙体混凝土与四周地层的硬度不同,所以钻孔时极易发生偏斜;特别是深度较大的接头孔,钻孔时间越长混凝土的强度越高,越容易发生偏斜,越往下越难打。所以施工接头孔时,既要严格控制孔斜,又要抓紧时间、加快进度。

二、接头管法

1. 特点和适用范围

接头管法所形成的墙段接缝形式与钻凿法相同,都是半圆弧形,只是施工方法不同。接头管法的施工程序是:在浇筑一期槽孔前,在槽孔的两端下设接头管,开浇一定时间后,逐步拔出接头管而形成接头孔,然后将该接头孔作为相邻二期槽孔的端孔(图 7-8)。这种方法避免了重复钻凿接头孔所造成的工时和材料浪费,并具有接触面光滑、接缝紧密(缝宽可以控制在 1mm 以下)、孔斜易控制、搭接厚度有保证等优点,但要有专门的设备,施工工艺较为复杂,特别是在防渗墙深度较大的情况下。

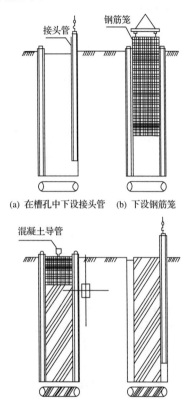

(a) 在槽孔中下设接头管　(b) 下设钢筋笼

(c) 浇筑混凝土　(d) 拔出接头管

图 7-8　拔管法接头施工示意图

2001 年 8 月在江苏润扬长江大桥工地进行了孔径 1.2m,孔深 50m 的拔管成孔试验,并取得了成功。2002 年在尼尔基水利枢纽主坝混凝土防渗墙工程中,225 个槽孔的接头孔(直径 800mm)全部采用了 BG350/800 型拔管机起拔接头管施工,最大拔管深度 39.6m,拔管成功率 100%,节约混凝土 4000m³。

近十几年来,我国西部地区在深厚覆盖层条件下新建了一批水利水电项目,基础处理深度已经超出了施工规范范围。已建成的项目中最具有代表性的是西藏旁多水利枢纽工程,其大坝基础防渗墙深度达到了 158m,正是由于采用了接头管法处理防渗墙接头,才能有效地保证防渗墙质量和建设工期。可以说,接头管法已经成为深墙施工所必需的一项工法和关键技术。

2. 拔管方法

采用接头管法,必须严格控制浇筑及拔管过程;对地基、导墙的承载能力以及下管部位的孔形也有一定的要求,特别是墙深较大时。孔深、孔径不同,拔管成孔的机具和方法也不完全相同,需视具体情况而定。当孔深、孔径较小时,一般是槽孔浇完后再拔管,以吊车作为主要拔管设备,液压拔管机备用;当孔深、孔径较大时,就必须用液压拔管机拔管,而且需要边浇边拔。吊车拔管的优点是荷载远离孔口,但拔管能力有限;拔管机的起拔能力大,占地面积小,但导墙和孔口地基须有较大的承载能力。

3. 拔管工艺及过程控制

拔管成孔施工需要有较高的技术能力、管理水平和较多的实际经验,其成败的关键是正确选择并适当控制混凝土的脱管龄期。起拔早了会造成混凝土孔壁坍塌,不能成孔;起拔晚了会造成铸管事故,甚至危及孔口的安全。防渗墙混凝土能成孔的最小脱管龄期与混凝土的特性、孔径、孔深、浇筑速度、温度等因素有关,一般为 5~8h,甚至更长,必须通过试验确定,并在开浇时取样复核。混凝土的脱管龄期并不等于混凝土的初凝时间,而是混凝土在一定压力作用下能够成形的时间(相当于混凝土强度达到 0.1~0.2MPa 所需要的时间)。还必须指出,混凝土的龄期应从浇筑导管底口高于此部位后(此点的混凝土已处于静止状态后)开始计算。室内试验的条件和结果往往与实际情况有很大的出入,因此,在混凝土开浇时必须取样成型 6~8 块抗压强度试件,3~4h 后每隔 0.5～1.0h 拆模一块,观察其凝结及成型情况。当其强度达到了足以承受单人独脚在其上站立的程度时,可将该试块的龄期定为最小脱管龄期。

为了掌握接头管外各接触部位混凝土的实际龄期,必须详细掌握混凝土的浇筑情况,因此,施工前应绘制能够全面反映混凝土浇筑、导管提升、接头管起拔过程的记录表。该记录表上既有各种施工数据,又有多条过程曲线,能直观地判断各部位混凝土的龄期、应该脱管的时间和实际脱管龄期。在施工中应及时、准确地记录施工过程。浇筑施工与拔管施工应紧密配合,浇筑速度不宜过快。开浇 3h 后开始微动,此后活动接头管的间隔时间不应超过 30min,每次提升1～2cm,以降低混凝土的黏结力。微动的时间不宜过早,也不宜过于频繁,否则对混凝土的凝结和孔壁稳定不利。当管底混凝土的凝结状态达到塑态而接近初凝前,就可以按照混凝土的浇筑速度逐步起拔接头管。

由于确定的脱管龄期不一定十分准确,实际脱管龄期也不可能与确定的脱管龄期完全一致,所以在拔管过程中必须随时注意观察拔管阻力、管内泥浆面的变化情况及管底活门的启闭情况,随机应变,及时调整拔管时间和拔管速度。当拔管时底门开启,拔管后管内浆面下降,说明已脱管的部分成孔正常,否则说明管底混凝土跟进,不能正常成孔。这时应检查底门是否能正常开启,如活门无问题,说明拔管时间过早,应延长混凝土的脱管龄期,暂停拔管。当压力表反映的拔管阻力过小时,应暂停拔管或降低拔管速度;当成孔正常但拔管阻力过大时,应适当加快拔管速度。

在拔管施工的最后阶段应注意及时向管内注满泥浆,并适当降低拔管速度,最后一节管在孔内应停留较长的时间,以防止孔口坍塌。接头管提出之前,应测量实际成孔深度,并作记录。

三、双反弧法

双反弧接头法是一种适用于冲击钻机造孔的墙段连接技术,始用于加拿大马尼克 3 号坝坝基防渗墙,早期在国内各种用途的地下连续墙中都有应用。其缺点主要是接缝的数量相对较多,接头孔的孔形不易检测。另外,由于双反弧钻头形状限制了其钻进速度,故目前已很少采用此种连接方式。

双反弧接头法墙段连接的布置形式如图7-9所示。常规墙段与双反弧桩柱墙段相间布置,桩柱墙段两侧的反弧面与相邻常规墙段两端的正弧面相互吻合。先施工常规墙段,后施工双反弧桩柱墙段。桩柱墙段在中心线上的长度(弧顶距)等于或略大于设计墙厚,根据地层条件通过试验确定。桩柱孔的造孔施工一般分三步进行。第一步是用圆形冲击钻头打中心导孔,导孔的直径等于或略大于设计墙厚。第二步是用特制的双反弧冲击钻头扩孔,同时形成左右两侧的反弧面。第三步是用带活动弧板的液压双反弧钻具将附着在混凝土端面上的泥皮和残土清理干净。

图7-9　双反弧墙段连接布置形式

双反弧法成败的关键在扩孔,而扩孔钻进又是在两侧墙端和中心孔导向的情况下进行的;所以,为保证扩孔质量,必须保证相邻墙段端孔和导向孔的造孔质量,事先必须进行严格的检查和控制,孔斜率不得超过 0.2 %,孔径不得过大或过小。相邻墙段端孔超挖过大或局部塌孔均会给扩孔造成困难,所以在孔壁不稳定的地层(扩孔系数大于 1.2)和漂卵石含量较多的地层中修建地下连续墙不宜采用双反弧法墙段连接。

四、铣削法

铣削法墙段连接适用于采用双轮液压铣槽机造孔的防渗墙工程。此法是在两个一期墙段之间留出比铣槽机长度略小的位置作为二期槽孔,该槽孔铣槽施工时,同时将两端已浇筑混凝土的一期墙段的端部铣去 10~20cm(考虑到垂直度的原因,为确保有效搭接,国外一般要求 30~50cm),并形成锯齿形的端面;二期墙段浇筑后,墙段接缝也为锯齿形。这种接缝的阻水性能和传力性能均优于平面接缝。

黄河小浪底水利枢纽主坝防渗墙(左岸部分)在采用铣削接头的基础上,还在每个接头处增设了一道横向塑性混凝土短墙,对接缝起保护作用(图 7-10)。显然,这种墙段连接形式的防渗效果更为可靠。该方法的施工程序如下:

(1)用抓斗在墙段连接部位抓出一个垂直于墙轴线的短槽孔,然后浇筑塑性混凝土。

(2)在两个横向短墙中间施工一期墙段,一期墙段的长度超出两个横向短墙中心线各 10cm。塑性混凝土的强度较低,不会影响抓斗和液压铣槽机的正常施工。

(3)接着施工二期墙段,施工时将一期墙段超出横向短墙中心线的部分铣去,然后浇筑混凝土,这样相邻两个墙段接缝的进出口都被横向短墙的塑性混凝土所覆盖。

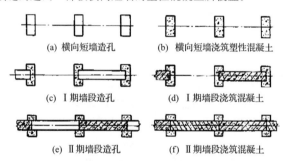

(a) 横向短墙造孔 　　　　(b) 横向短墙浇筑塑性混凝土

(c) Ⅰ期墙段造孔 　　　　(d) Ⅰ期墙段浇筑混凝土

(e) Ⅱ期墙段造孔 　　　　(f) Ⅱ期墙段浇筑混凝土

图 7-10　小浪底主坝左岸防渗墙接头型式

五、加设止水装置

在墙段连接处设置止水装置的工艺极为复杂,工程造价也很高,一般只用于有特殊要求的防渗墙工程。

1. 型钢止水接头

施工程序如图 7-11 所示。设置型钢止水接头的方法是:

(1)一期槽孔成槽后,在其两端插入比槽孔略深的工字钢、王字钢等型钢,设法予以固定;

（2）采取在钢筋笼上挂布、二期槽侧回填砂袋等办法防止混凝土绕流到型钢背后；

（3）浇筑一期槽孔混凝土；

（4）待混凝土凝固后，清除型钢背后的回填物，并将型钢表面清理干净；

（5）进行二期墙段的施工，将型钢埋设在两期墙段之间。

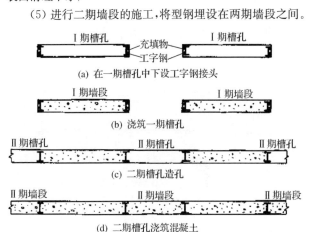

(a) 在一期槽孔中下设工字钢接头

(b) 浇筑一期槽孔

(c) 二期槽孔造孔

(d) 二期槽孔浇筑混凝土

图 7-11　预设工字钢接头施工程序

2. 镶止水带接头

镶止水带的墙段连接在工业、民用建筑及市政建设的地下连续墙中应用较普遍，深度一般不超过 30m。近年来个别水利水电工程的防渗墙也采用了这种墙段连接形式。

镶止水带墙段连接的施工要点是：

（1）将一定规格的橡胶或塑料止水带的一半预先安设在特制接头板的夹槽内，另一半露在外面。

（2）将接头板下设于已钻凿好的一期槽孔的两端，止水带朝向槽内。

（3）浇筑混凝土时，一半止水带被埋入混凝土中。

（4）待混凝土凝固后，将接头板拔出，止水带的另一半出露于接头孔中。

（5）接着施工二期墙段，将另一半止水带浇入二期墙段内,形成横跨接缝的止水装置。止水带可以是一道,也可以是两道。

中国水电基础局有限公司研制出了一套墙段接缝镶止水带的装置,并已用于越南拜尚堰加固防渗墙工程。下设的PVC止水带宽度为230mm,最大深度为22m(图 7-12)。

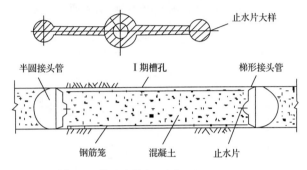

图 7-12　镶止水带墙段连接施工方法示意图

第八章

高压喷射灌浆防渗墙

第一节　高压喷射灌浆防渗墙简介

高压喷射灌浆防渗墙,是一种采用高压水或高压浆液形成高速喷射流束,冲击、切割、破碎地层土体,并以水泥基质浆液充填、掺混其中,形成桩柱或板墙状的凝结体——防渗墙(以下简称高喷防渗墙)。其作用主要是提高地基防渗或承载能力。

高压喷射灌浆于 20 世纪 60 年代首创于日本。70 年代初,我国铁路、煤炭、水电及冶金系统相继引进,开始研究和应用高压喷射灌浆技术,目前已广泛地应用于各种建筑物地基的加固工程中。80 年代初,我国水利系统将此项技术应用于山东白浪河土坝防渗并取得良好效果。

一、适用范围

高压喷射灌浆防渗和加固技术适用于软弱土层,如第四纪的冲(淤)积层、残积层以及人工填土等(表 8-1)。我国的实践证明,砂类土、黏性土、黄土和淤泥等地层均能进行喷射加固,效果较好。对粒径过大的、含量过多的砾卵石以及有大量纤维质的腐殖土地层,一般应通过现场试验确定施工方法。对含有较多漂石或块石的地层,应慎重使用,或不宜使用。

对于地下水流速过大喷射浆液无法在喷射管周围凝固、无填充物的岩溶地段、永冻土和对水泥有严重腐蚀的地基,不宜采用高压喷射灌浆。

在水利水电建设中,高喷灌浆广泛应用于低水头土石坝坝基、堤防、临时围堰的防渗，边坡挡土，基础防冲，地下工程缺陷的修补等工程。

表 8-1　　　　　高喷防渗墙工艺对地层的适应范围

分类		浆材名称	卵石碎石	粗粒组							细粒组	
				砾			砂粒				粉粒	黏粒
				粗	中	细	粗	中	细	极细		
高压喷射	旋喷	纯水泥浆	▬▬▬▬▬▬▬▬▬▬▬▬▬▬▬▬▬▬▬▬▬									
	摆喷	纯水泥浆	▬▬▬▬▬▬▬▬▬▬▬▬▬▬▬▬▬▬									
	定喷	纯水泥浆		▬▬▬▬▬▬▬▬▬▬▬▬▬▬▬								
粒径/mm			60～300	20～60	5.0～20	2.0～5.0	0.5～2.0	0.25～0.5	0.1～0.25	0.05～0.1	0.005～0.05	0.001～0.005

二、高压喷射灌浆方法

高压喷射灌浆方法常用的有单管法、两管法、三管法三种，多管法国内尚少应用。

（1）单管法是用高压泥浆泵以 20～25MPa 或更高的压力，从喷嘴中喷射出水泥浆液射流，冲击破坏土体，同时提升或旋转喷射管，使浆液与被剥落下来的土石颗粒掺搅混合，经一定时间后凝固，在土中形成凝结体。这种方法形成凝结体的范围（桩径或延伸长度）较小。一般桩径为 0.5～0.9m，板状凝结体的延伸长度可达 1～2m。

（2）两管法是用高压泥浆泵产生 20～25MPa 或更高压力的浆液，用压缩空气机产生 0.7～0.8MPa 压力的压缩空气，浆液和压缩空气通过具有两个通道的喷射管，在喷射管底部侧面的同轴双重喷嘴中喷射出高压浆液和空气混合射流，冲击破坏土体。在高压浆液射流及其外围环绕气流的共同作用下，破坏土体的能量比单管法显著增大，喷嘴一边喷射一边旋转和提升，最后在土体中形成直径明显增加的柱状固结体，其直径达 80～150cm。除上述情况外，两管法也有采用高压水和低压浆液两种介质的。两管法使用的喷射管初期都是一种同轴的双重钢管，内管内输浆，内管和外管之间的环形通道输气，故又称为二重管法，至今工业民用建筑行业仍沿用此名。

（3）三管法是使用能输送水、气、浆的三个通道的喷射管，从内喷嘴中喷出压力为 30～40MPa 或更高的超高压水流，水流周围环绕着从外喷嘴中喷射出的圆管状气流，同轴喷射的水流与气流冲击破坏土体。由泥浆泵灌注较低压力的水泥浆液进行充填置换。这种方法的水压力一般很高，在高压水射流和压缩空气的共同作用下，喷射流破坏土体的有效射程显著增大。喷嘴边旋转喷射边提升，在地基中形成较大的负压区，携带同时压入的浆液进入被破坏的地层进行混合、充填，在地基中形成直径较大、强度较高的旋喷桩凝结体，起到防渗或加固地基的作用。其直径一般有 1.0～2.0m，较二管法大，较单管法要大 1～2 倍。

（4）新三管法是先用高压水和气冲击切割地层土体，然后再用较高压力的水泥浆对土体进行二次切割和喷入。水、气喷嘴和浆、气喷嘴铅直间距 0.5～0.6m。由于水的黏滞性小，易于进入较小空隙中产生水楔劈裂效应，对于冲切置换细颗粒有较好的作用。高压浆液射流对地层二次喷射不仅增大了喷射半径，使浆液均匀注入被破坏的地层，而且由于浆、气喷嘴和水、气喷嘴间距较大，水对浆液的稀释作用减小，使实际灌入的浆量增多，提高了凝结体的结石率和强度。该法高喷质量优于三管法，适用于含较多密实性充填物的大粒径地层。

三、高压喷射灌浆形式

高压喷射灌浆的喷射形式有旋转喷射（旋）、摆动喷射（摆）和定向喷射（定）三种。旋转喷射时，喷嘴一面提升、一面旋转，形成柱状凝结体；摆动喷射时，喷嘴一面提升、一面摆动，形成似亚铃状凝结体；定向喷射时，喷嘴一面提升、一面定向喷射，形成板状凝结体。

第二节　高喷防渗和加固机理

高压喷射灌浆技术的作用机理,是通过在地层中的钻孔内下入喷射管,用高速射流(水、浆液或空气)直接冲击、切割、破坏、剥蚀原地基材料,受到破坏、扰动后的土石料与同时灌注的水泥浆或其他浆液发生充分的掺搅混合、充填挤压、移动包裹,至凝结硬化,从而构成坚固的凝结体,成为结构较密实、强度较高、有足够防渗性能的构筑物。

一、高喷凝结体

1. 凝结体形状

高喷凝结体的形状与喷射形式有关。旋喷、摆喷、定喷形成的凝结体形状如图 8-1 所示。图中延伸长度 A 是喷射中心至凝结体边缘的最大长度。有效长度 B 是喷射中心至

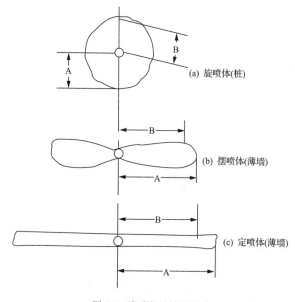

图 8-1　高喷凝结体的形式

A—延伸长度;B—有效长度

凝结体的均匀连续长度。在不同地层中定喷时形成的墙厚范围见表 8-2。三管法在相同地质条件下不同水压力和水量形成凝结体的延伸长度和有效长度见表 8-3。

表 8-2　　　　定喷在不同土层中形成凝结体厚度

喷嘴直径/mm		2	3
黏土层	墙厚/cm	4~7	6~9
	渗透凝结层厚/cm	0	0
砂层	墙厚/cm	6~9	8~12
	渗透凝结层厚/cm	2~7	2~7
砂砾石层	墙厚/cm	10~15	12~30
	渗透凝结层厚/cm	7~50	7~50

注：此表一般适用标贯击数 N 值为 10 以下的黏性土、砂类土。

表 8-3　　　　　　　三管法高喷凝结体尺寸

压力/MPa			15~20	20~30	30~40
水量/(L/min)			90~120	75~100	75~100
凝结体尺寸/cm	旋喷	A	35~100	75~150	110~180
		B	30~90	60~120	90~150
	摆喷	A	60~180	130~220	190~310
		B	50~150	100~205	150~250
	定喷	A	87~280	185~380	270~450
		B	75~230	150~300	220~370

　　在均质土中，旋喷的圆柱体比较均称。在非均质或有裂隙土中，旋喷的圆柱体不均称，甚至在圆柱体旁凸出翼片。由于喷射流脉动和提升速度不均匀，固结体的外表很粗糙，三管法旋喷凝结体受水、气流影响，在砂土中外表格外粗糙。凝结体的形状可以通过改变喷射方法、喷射参数来控制，大致可喷成均匀圆柱状、非均匀圆柱状、圆盘状、板墙状及扇形状。

　　在深度大的土层中，因受地层密实度和喷射压力阻减的影响，如果不采用其他的措施，旋喷圆柱固结体可能出现上粗下细似胡萝卜的形状。

2. 物理力学性能

高喷凝结体的物理力学性质取决于工艺参数、灌浆材料及地层组成条件。纯水泥浆在砂砾石层中喷射,经升扬置换和搅拌混合成水泥砂浆凝结体,而在黏土层中的凝结体的性状相当于水泥土。高压喷射灌浆凝结体的组成不均匀,定喷凝结体结构中板体层、浆皮层、渗透凝结层的性质指标见表 8-4。

表 8-4　　　　　　定喷凝结体的性质指标值范围

部位	喷射材料	水泥成分质量分数/%	抗压强度/MPa	渗透系数/(cm/s)	弹性模量/MPa
主体层	水泥浆	30~60	10~20	$10^{-7} \sim 10^{-6}$	$10^2 \sim 10^4$
	黏土水泥浆	20~30	3~5	$10^{-8} \sim 10^{-6}$	$10^2 \sim 10^3$
搅拌和挤压层	水泥浆	60~80	15~25	$10^{-6} \sim 10^{-5}$	$10^3 \sim 10^4$
	黏土水泥浆	30~40	5~10	$10^{-7} \sim 10^{-5}$	$10^2 \sim 10^3$
渗透凝结层	水泥浆	20~10	1~5	$10^{-5} \sim 10^{-4}$	$10^2 \sim 10^3$
	黏土水泥浆	10~20	0.5~1	$10^{-6} \sim 10^{-4}$	$10^2 \sim 10^3$

注:黏土水泥浆中水泥占 50%。

(1) 抗冻和抗干湿循环。凝结体抗冻和抗干湿循环在 -20℃ 条件下是稳定的。因此在冻结温度不低于 -20℃ 条件下,高喷凝结体可用于永久性工程。

(2) 渗透系数。喷射凝结体的渗透系数可达 $10^{-7} \sim 10^{-6}$ cm/s,具有良好的防渗性能。

(3) 凝结体直径。旋喷凝结体直径的大小与土的种类和密实程度有较密切的关系。单管法旋喷灌浆凝结体直径 0.5~0.9m,三管法旋喷灌浆凝结体直径达 0.8~1.5m,两管法旋喷灌浆凝结体直径介于二者之间。

(4) 凝结体密度。凝结体内部含土粒较少并有一定数量的气泡,因此凝结体的重量较轻,小于或接近于原状土的密度。黏性土高喷凝结体比原状土密度小约 10%,但砂类土凝结体密度可能比原状土大 10%左右。

(5) 凝结体强度。土体经过喷射灌浆后,土粒重新排列,水泥等浆液含量大。一般外侧土颗粒直径大些，数量也多些，浆液成分多。因此在横断面上中心强度低，外侧强度高，与土交换的边缘处有一层坚硬的外壳。

影响凝结体强度的主要因素是土质和旋喷灌浆材料。有时使用同一浆材配方，软黏土中凝结体强度成倍地小于砂土中凝结体强度。高喷凝结体弹性模量较低，具有较高的变形适应性。

通常黏土和水泥的重量比为 1 : 1 时，黏土水泥浆凝结体的抗压强度仍不低于 3～5MPa。

凝结体的抗拉强度较低，一般是抗压强度的 $1/10～1/5$。

(6) 单桩承载力。旋喷柱状凝结体有较高的强度，外形凸凹不平，因此具有较大的承载力。一般固结土直径越大，承载力越高。

二、高喷防渗墙

高喷防渗墙几种典型的结构布置型式如图 8-2 所示，在实际工程中(b)、(c)、(d)三种形式也都有双排或多排布置的。各种结构形式高喷墙的结构参数和特点可参见表 8-5。

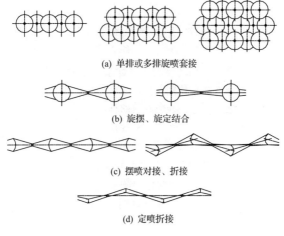

(a) 单排或多排旋喷套接

(b) 旋摆、旋定结合

(c) 摆喷对接、折接

(d) 定喷折接

图 8-2　高喷防渗墙典型结构型式

表 8-5　　　　高喷墙的结构参数和特点

编号	墙体形式	孔距/m	厚度/cm	特点
1	旋喷套接	0.8～1.4	20～40	单排连接的可靠性差， 通常要多排
2	旋摆、旋定搭接	1.4～2.0	>10	便于连接，结构稳定性好
3	摆喷对接或折接	1.6～2.2	20～40	便于连接
4	定喷折接	1.6～2.5	10～30	便于连接

各工程应依据具体情况和地质条件，进行技术经济比较确定，并应注意：

（1）定喷和小角度摆喷适用于粉土和砂土地层；

（2）承受水头较小的或水头虽较大但历时短暂的工程，可采用摆喷折接或对接、定喷折接形式；

（3）在卵（碎）砾石地层中，深度小于 20m 时，可采用摆喷对接或折接形式，对接摆角不宜小于 60°，折接摆角不宜小于 30°；深度 20～30m 时，可采用单排或双排旋喷套接、旋喷搭接形式；当深度超过 30m 时，宜采用两排或三排旋喷套接形式或其他形式。

第三节　高喷防渗墙的浆液材料与性能

高喷灌浆最常用的材料为水泥浆。黏土（膨润土）水泥浆有时在防渗工程中使用。化学浆液使用很少，国内仅在个别工程中应用过丙凝、脲醛树脂等浆液。

一、水泥

高喷用的水泥品种和强度等级应根据灌浆目的、坝堤地基的地质情况而定。一般宜采用普通硅酸盐水泥。在地下水有侵蚀性的地方应选用有抗侵蚀性的水泥，以保证防渗板墙或帷幕的耐久性。不得使用过期的或受潮结块的水泥。

二、黏土

使用黏土的塑形指数不宜小于 14。

三、水

符合饮用水条件的江、河、库水均可用于制浆。采用其他水源时,应符合《混凝土用水标准》(JGJ 63—2006)中的有关规定。

四、外加剂

为了提高浆液的流动性和稳定性,改变浆液凝胶时间或提高凝结体抗压强度,可在水泥浆液中加入外加剂。根据加入的外加剂及注浆目的不同,高喷水泥浆液可分为以下几种类型。

1. 普通型

普通型浆液一般采用强度等级为 32.5 的硅酸盐水泥或普通硅酸盐水泥,不加任何外加剂,水灰比一般为 0.6 : 1～1.5 : 1,凝结体的抗压强度(28d)最大可达 20MPa。对于无特殊要求的工程宜采用普通型浆液。

2. 速凝-早强型

对地下水位较高或要求早期承担荷载的工程,需在水泥浆中加入氯化钙、三乙醇胺等速凝早强剂。其用量为水泥用量的 2%～4%。纯水泥浆与土的凝结体的抗压强度(1d)为 1MPa,而掺入 2%氯化钙的水泥土的凝结体的抗压强度为 1.6MPa,掺入 4%氯化钙后为 2.4MPa。

3. 高强型

凡喷射凝结体的 28d 平均抗压强度在 20MPa 以上的称为高强型。若想提高凝结体的抗压强度,可以选择强度等级高的水泥,或选择高效能的扩散剂和外加剂组成的复合配方等。

外加剂对凝结体强度的影响见表 8-6。

4. 抗渗型

在水泥浆中掺入 2%～4%的水玻璃,其凝结体渗透性降低,见表 8-7。如工程以抗渗为目的,最好使用"柔性材料"。可在水泥浆液中掺入 10%～50%的膨润土(占水泥重量的百分比)。此时不宜使用矿渣水泥,如仅有抗渗要求而无抗冻要求者,可使用火山灰水泥。

表 8-6　　　　　外加剂对固结体抗压强度的影响

主剂		外加剂		抗压强度/MPa				抗折强度
名称	用量	名称	掺量/%	28d	3 个月	6 个月	1 年	/MPa
42.5普通硅酸盐水泥	100	NNO	0.5					
		NR₃	0.05	13.59	18.62	22.8	24.68	6.27
		NaNO₂	1					
		NF	0.5					
		NR₃	0.05	14.14	19.37	27.8	29.0	7.36

表 8-7　　　　掺入水玻璃的水泥浆凝结体的渗透系数

土的类别	水泥品种	水泥含量/%	水玻璃含量/%	渗透系数/(cm/s)
细砂	32.5 硅酸盐水泥	40	0	2.3×10^{-6}
		40	2	8.5×10^{-8}
粗砂	32.5 硅酸盐水泥	40	0	1.4×10^{-6}
		40	2	2.1×10^{-8}

注：水玻璃模数 2.4～3.0,水玻璃密度 30～45°Bé(波美度)。30°Bé≈1.263g/cm³,45°Bé≈1.454g/cm³。

普通水泥浆液可不进行室内试验,其他浆液根据需要进行一些必要的试验,如测定浆液的密度、含砂量、静切力、黏度、失水量、胶体率(或析水率)、酸碱度、流散直径、凝结时间等。

五、制浆注意事项

(1) 制浆材料的称量误差不大于 5%;

(2) 水泥浆的搅拌时间,使用高速搅拌机应不小于 30s;使用普通搅拌机应不少于 90s;

(3) 水泥浆自制备至用完的时间不应超过 4h;

(4) 低温季节施工应做好机房和管路的防寒保暖工作,高温季节施工应采取防晒和降温措施,浆液温度应在 5～40℃之间。

第四节 高喷防渗墙施工设备与机具

由于喷射方法不同,高喷防渗墙施工所使用的机械设备也不尽相同。按施工工艺要求,可由多种设备组合而成,表 8-8 为不同喷射方法所使用的主要施工设备表。

表 8-8 高喷防渗墙设备与机具表

设备名称	规格	单管	两管法	三管法	新三管法
提升台车	起重 2～6t,起升高度 15m。深孔或振孔高喷宜用高架台车或履带吊车式高喷台车	√	√	√	√
钻机	100～300m 型地质钻机,跟管钻进钻机等	√	√	√	√
高压水泵	最大压力 50MPa,流量 75～100L/min			√	√
灌浆泵	超高压泥浆泵,最大压力 60～80MPa,流量 150～200L/min	√	√		
	高压泥浆泵,最大压力 40MPa,流量 70～110L/min				√
	灌浆泵,压力 1.0～3.0MPa,流量 80～200L/min			√	
搅拌机	卧式或立式	√	√	√	√
空气压缩机	气压 0.7～0.8MPa 或 1.0～1.5MPa,气量 6m³/min		√	√	√
喷射管	单管	√			
	二重管(二管)		√		
	三重管(三列管)			√	√

注:新三管法即同时喷射高压水和高压浆的方法。

一、钻孔设备

1. 回转式钻机

各种回转式岩芯钻机均可在高压喷射灌浆造孔中应用。

2. 冲击回转钻机(全液压工程钻机)

这种钻机机械化程度高,对地层的适应能力强,尤其在复杂的卵砾石地层造孔工效较高。国产的机型有 MG-200(河北宣化)、MGY-100(重庆探矿)、SM-3000(河北三河)、QDG-2(北京探矿)等,进口的机型有 SM305、SM400、SM505 等。

3. 振动钻机

振动钻机适用于高喷灌浆的钻孔,能穿入覆盖层中的砂类土层、黏性土层、淤泥地层及砂砾石层。它的重量轻,搬运解体方便,钻孔速度快。国产机型有 ZHX-1 型(辽宁抚顺)、70 改进型和 76 型(铁科院)、XJ100(北京探矿)等。

二、制浆及回收设备

1. 搅浆机

搅浆机有卧式搅浆机和立式搅浆机两种。制浆作业时,将水泥和水等灌浆材料,按设计配合比,经过料斗送入搅浆筒内。卧式搅浆机搅浆时,灌浆材料从进料端至出浆端连续受到 10 根搅臂和 8 根定臂的高速搅拌粉碎成浆。浆体由甩浆板通过离心作用甩至滚动筛中。搅臂的最大线速度达 16m/s。立式搅浆机原理与卧式搅浆机基本相同,分为上、下两只浆筒,由电动机通过减速器带动搅臂旋转。

2. 水泥上料机

水泥上料机有皮带上料机、气动上料机和螺旋上料机等许多种类,工地上常用的是螺旋上料机。螺旋上料机是一种不带挠性牵引件的输送装置,它的主要部件是螺旋(搅龙),螺旋体在固定的倾斜输送管(或槽)内旋转,输送水泥至储料罐。易变质的、黏性大的、易结块的及大块的物料不容易输送。

3. 浆液回收设施

在含黏粒较少的地层中进行高喷灌浆,孔口回浆经处理后可以重复利用。根据施工经验,所用回浆浆液的密度不应大于 $1.25g/cm^3$。在黏性土或软塑—流塑状淤泥质土层中,孔口回浆不宜重复使用。

浆液回收设施由振动筛、贮浆池、回浆泵组成。高压喷射灌浆中回收孔口产生的大量冒浆，加以处理后再利用。振动筛用以筛除冒浆中的砂、砾石。贮浆池用于存贮浆液，其大小根据现场冒浆量大小确定。回浆泵用于将贮浆池中的浆液输送到搅灌机重复利用。

三、灌浆设备

1. 灌浆泵

根据高压喷射灌浆的要求，一般压力应大于 0.8MPa，流量大于 80L/min。但单介质喷射时需用较高压力的高压泥浆泵。WJG80 型搅灌机是将搅浆机和灌浆机组装在一起的灌浆专用设备。几种常用的灌浆泵技术性能见表 8-9。

表 8-9　　　几种常用灌浆泵技术性能表

设备名称、型号		主要性能	生产厂家
通用灌浆泵	BW250/50 型	压力 3～5MPa，排量 150～250L/min，功率 17kW	
	200/40 型	压力 4MPa，排量 120～200L/min	
	100/100 型	压力 10MPa，排量 80～100L/min，功率 18kW	
	HB80 型	单缸单作用，压力 1～1.5MPa，排量 50～80L/min，功率 4kW	
高压灌浆泵	PP-120 型	压力 30～40MPa，排量 50～145L/min，功率 90kW	北京探矿机械厂
	SMC-H300 型	压力 10～30MPa，排量 150～750L/min，功率 132.5kW	
	XPB-90 型	最大压力 60MPa，排量 90～160L/min，功率 90kW	天津聚能高压注浆泵厂
	GPB-90 型	压力 45MPa，排量 76～119L/min，功率 90kW	天津通洁高压泵公司

2. 高压水泵和水管

(1) 高压水泵。高压水泵的一般要求为压力 20～50MPa，流量 50～100L/min。高压喷射灌浆施工中常用的是 3D2-SZ 系列卧式三柱塞水泵,它的技术规格见表 8-10。

与其他水泵相比,3D2-SZ 系列卧式三柱塞水泵的特点为:

1)柱塞直径较小,为了提高泵量而大大提高了柱塞往复次数;

2)柱塞往复快,因此无吸程,而且必须将吸水管水面提高到泵头以上 2m 左右;

3)柱塞往复快,提高了水流的脉动频率,使喷嘴的水射流更加平稳均衡;

4)柱塞承受压力高,往复快,要求填料(密封材料)质量好、水质清洁无泥沙。

表 8-10 3D2-SZ 高压水泵(速比 $i=2.917$)技术规格

柱塞直径	流量		输出压力/MPa				流量		输出压力/MPa			
mm	m³/h	L/min	37kW	45kW	55kW	75kW	m³/h	L/min	45kW	55kW	75kW	90kW
22	2.4	40	45				3	50	45			
25	3	50	35	45			3.9	65	35	45		
26	3.2	54	38	45	51	70	4.2	70				70
28	3.9	65	28	35	42		4.8	80	28	35	48	
30	4.5	75	25	30	38	50	5.7	95	25	30	40	50
32	5.1	85	22	26	34	45	6.3	105	22	26	36	45
35	6.1	102	18	22	28	36	7.5	125	18	22	30	36
40	8.1	15	14	17	21	28	10.2	170	14	17	24	28
45	10.2	170	11	13	17	22	12.9	215	11	13	18	22

注:柱塞行程 95mm,往复次数 400 次/min。

(2)高压水管。高压水管一般选用 4 层或 6 层的钢丝缠绕胶管。常用的高压水管内径有 16mm、19mm、25mm、32mm 四种,工作压力 30~60MPa。爆破压力一般为工作压力的 3 倍。胶管的连接可用卡口活接头或丝扣压胶管接头。

3. 空气压缩机

两介质和三介质高压喷射灌浆需要压缩空气和主射流(水或水泥浆)同轴喷射,以提高主射流的效果。高压喷射灌浆常用的 YV 型活塞式普通空气压缩机的技术性能见表 8-11。

表 8-11   **常用空气压缩机技术性能**

型号	排气量 /(m³/min)	排气压力 /MPa	排气温度 /℃	冷却方式	动力 /kW	备注
YV 3/8	3	0.8	<180	风冷	电动 22	移动式
YV 3/8	3	0.8	<180	风冷	电动 22	
YV 6/8	6	0.8	<180	风冷	电动 40	移动式
CYV 6/8	6	0.8	<180	风冷	柴油 52.9	移动式
ZV 6/8	6	0.8	<180	风冷	柴油 29.4	

四、提升、卷扬及旋摆设备

提升、卷扬及旋摆设备包括卷扬机、提升台车、旋摆机构，用于控制喷射流运动，以形成要求性状的凝结体。

1. 卷扬机

卷扬机按速度可分为快速、慢速、手摇三种。快速卷扬机又可分为单筒式和双筒式，其钢丝绳牵引速度为 20～50m/min，单头牵引力为 4～5kN。慢速卷扬机多为单筒式，钢丝绳的牵引速度为 7～13m/min，牵引力为 30～300kN。高压喷射灌浆施工中常用的卷扬机是 JD-041 型、JB-1 型单筒快速卷扬机及 JJW-20 型单筒慢速卷扬机。

2. 提升台车

提升台车用于起下喷射管，固定安装卷扬机和旋摆机构。对提升台车的要求是：

（1）应有足够的承载能力，确保台车稳定性；

（2）应有合理的高度，移动定位方便准确；

（3）自重轻，便于安装、拆卸和运输。

高压喷射灌浆最普遍用的提升台车为四腿塔架型。台车由底盘、塔腿及天轮组成。底盘上放置四根塔腿、卷扬机及孔口装置。底盘的大小和强度应根据施工现场和塔腿稳定进行设计，一般架高 18m 时，底盘为 3m×5m。台车垂直高度按一次提升喷射装置而定，一般为 15～20m。超过 20m

时,应加拉杆加强。

3. 旋摆机构

旋摆机构是使喷射装置定向、摆动和旋转的设备。通常采用的旋摆装置坐落在台车底盘上,其结构如图8-3所示。

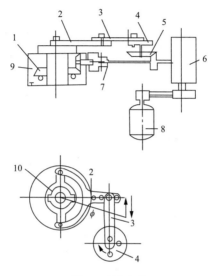

图 8-3 旋摆机构

1—转动伞齿轮;2—摆臂;3—拉杆;4—偏心轮;5—摆动伞齿轮;
6—减速机;7—旋摆离合器;8—电机;9—转盘;10—导向卡

旋摆机构转盘引用了转盘回转钻机的转盘体,内部为一对伞齿轮。大伞齿轮是绕转盘体的空心轴空心水平放置而水平自动转动。转盘体上部装置导向卡和摆臂,转盘的工作转速为 5~10r/min。由偏心轮、拉杆、摆臂组成的机件使转动变为摆动。摆动角度根据喷射灌浆要求确定,摆角的大小通过摆臂插入偏心轮的不同预制孔位置而调整。偏心轮上预制孔位置按四连杆机构计算确定,一般按摆角为 10°、22°、30°、45°预制孔位,也可根据工程要求专门配制偏心轮。

4. 喷射装置

喷射装置按射流介质不同可分为单介质(也称单管)、双介质(也称两管)、三介质(也称三管)和多介质喷射装置,由高压水龙头、喷射管及喷头三部分组成。喷头上装有(高压)喷嘴,喷嘴装在喷头的一侧、两侧或底部,喷嘴型式如图 8-4 所示。

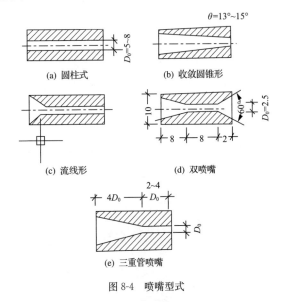

图 8-4　喷嘴型式

(1) 单管喷射装置。单管喷射装置用以输送一种高压浆液,使高压浆液在地层中切割掺搅升扬置换土体。单管水龙头安装在喷射管的顶部,它将高压胶管和旋摆的喷射管连接起来,而将高压浆液从胶管输送给喷射管、喷头。单介质喷射管一般采用 $\phi50mm$ 或 $\phi42mm$ 普通地质钻杆,每根长 $1\sim 3.5m$。钻杆的上下连接采用方扣螺纹,螺纹接头处应加铜垫圈,保证有良好的密封性。用于摆动喷射时,应加配销钉孔,在反摆时用以阻止销钉倒移。单介质喷头装在钻杆的最下端。喷头的顶端做成平头或圆锥形。平头型喷头结构,如图 8-5 所示,装有合金钢块,以利钻进。此喷头对地层中有个别卵石情况较为方便。圆锥型喷头结构,如图 8-6 所示,端部没有合金块,用 45 号钢加工而成。圆锥型喷头对黏性土或砂类土等小粒径地层中喷射,较为理想。两种喷头上各装有高压喷嘴两个,喷嘴装在喷头的一侧或两侧,高压射流可横向射入地层。单管喷嘴结构如图 8-7 所示,其直径一般为 1.6～3.5mm。喷射水泥浆的喷嘴一般用硬质合金钢制成(多用 YG8 或 YG11)。

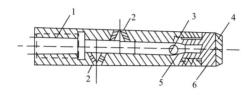

图 8-5　平头型喷头结构

1—喷嘴杆;2—喷嘴;3—钢球;4—钨合金钢块;5—球座;6—钻头

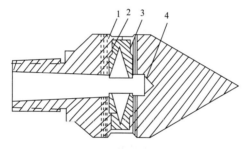

图 8-6　圆锥型喷头结构

1—喷嘴套;2—喷嘴;3—喷嘴接头;4—钻头

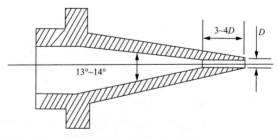

图 8-7　单管喷嘴结构

（2）两管喷射装置。两管喷射装置中浆液和压缩空气分别输入喷射管内两根不相通的管道，使压缩空气从喷头的外环形喷嘴喷出而包围在高压喷浆射流的外侧。两管喷射装置，如图8-8所示，也由水龙头、喷射管和喷头三部分组成。两管水龙头由外壳和芯管组成。外壳用45号钢制成，内侧与橡胶管接触部分的光洁度较高。外壳上有两个卡口接头，通过橡胶软管，分别与高压泥浆泵和空气压缩机连接。喷射时，外壳不动，芯管随喷射管转动或摆动。两管喷射管由两种不同介质通过，它上接水龙头，下接喷头。两管喷头的侧面设置两个浆、气同轴喷射的喷嘴，在高压浆液喷射嘴的外面是环状的空气喷嘴，环状间隙为1～2mm。

（3）三管喷射装置。三管喷射装置如图8-9所示，是由三管水龙头、高压喷射管及喷头组成。三管高压水龙头是由

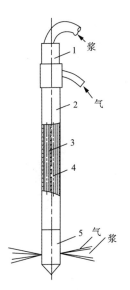

图 8-8　两管喷射装置

1—二管水龙头；2—二管；
3—浆管；4—气管；5—喷头

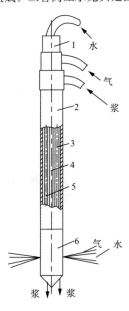

图 8-9　三管喷射装置

1—三管水龙头；2—三管；3—浆管；
4—水管；5—气管；6—喷头

外壳与芯管两部分组成。外壳上有活接头,用软管与高压水泵、空气压缩机、泥浆泵连接。旋、摆喷射时,芯管旋转,外壳不动。外壳由上、中、下底壳及底盖组成,用 4 号钢制成。

三管法的喷射管能同时输送水、气、浆三种介质而不互相串通。它有两种型式,一种是三列管[图 8-10(a)],即用直径 108mm 套管内套 3 根平行放置的直径不同的管子加工制成,每节喷射管内 3 根管子用管接头压胶圈连接。三管规格为:水管直径 19.5mm,气管直径 12.7mm,浆管直径 25.4mm。另一种是三重管,由三个不同直径的同心管套装在一起(图 8-10(b))。喷射管上口与水龙头连接,下口与喷头连接。

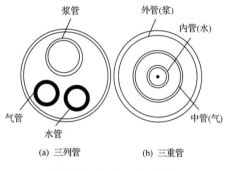

(a) 三列管　　　　　(b) 三重管

图 8-10　三管法喷管断面图

三管喷头的结构如图 8-11 所示。此喷头上装有两组水、气同轴射流的喷嘴。每组喷嘴由两个喷嘴组成,气流喷嘴成环状,套在高压水喷嘴的外侧,其间距为 1~2mm,气流喷嘴与高压水喷嘴的轴线必须重合。

(4) 多介质喷射装置。多介质喷射装置与三介质喷射装置相似,只是在供气方面多一套气粉装置,即用压缩空气将灌浆材料(如水泥粉)携带灌入地层,可为浆、气、粉喷射,也可为水、气、粉或水、气、粉、浆喷射,从而充分改善凝结体结构,提高桩体或墙体质量。

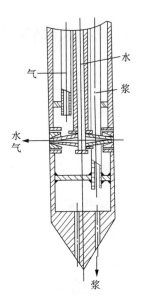

水
气
浆
水
气
浆

图 8-11　三管喷头结构

五、监控设备

监控设备是为了在高压喷射灌浆施工中对各种机具与机械设备工作状况及时了解,以便控制施工质量。为此,对水、气、浆的压力与流量,喷射管提升、旋转或摆动速度,进浆和冒浆密度等进行记录与整理分析。水、气、浆的压力一般在管路中安装普通压力表进行测量,流量可用相应的流量计测量。通常由于水泵和浆泵是定量柱塞泵,因此一般只需测量气的流量。气量常用 LZB50 型转子流量计测量。密度用比重秤测定。提升速度用卷尺和秒表定时测量。现在一种可检测浆液密度、浆液压力、浆液流量、水压力、气流量、喷管提升速度、喷管旋转速度 7 个参数的高压喷射灌浆自动记录仪已经开发出来,并投入试用。

第五节　高喷防渗墙施工程序

高压喷射灌浆的施工程序一般包括机具就位、钻孔、下喷射管、喷射灌浆机提升、冲洗管路、孔口回灌等。当条件具备时，也可以将喷射管在钻孔时一同沉入孔底，而后直接进行喷射灌浆和提升。

多排孔高喷防渗墙宜先施工下游排，再施工上游排，后施工中间排。一般情况下，同一排内的高喷灌浆孔应先施工Ⅰ序孔，后施工Ⅱ序孔。先导孔应最先施工。

高压喷射灌浆施工程序，如图8-12所示。

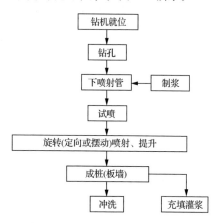

图 8-12　高压喷射灌浆施工程序示意图

第六节　高喷防渗墙施工工艺技术参数

高喷防渗墙施工工艺技术参数的选择直接影响着高压喷射灌浆的质量、工效和造价。

高喷施工工艺技术参数包括水、气、浆的压力及其流量、喷嘴直径大小及数量、喷射管旋转速度、摆角及摆动频率、提升速度、浆液配比及密度、孔距与板墙的布置形式等。施工实践表明，要获得较大的防渗加固体，一般应加大泵压，但限于国内机械水平，常用的喷射水压力为 20～40MPa，最大达70MPa。我国目前高喷灌浆常用的工艺参数见表 8-12。

表 8-12　　　　　高喷防渗墙施工常用工艺参数

项目		单管法	两管法	三管法	新三管法
水	压力/MPa			35～40	35～40
	流量/(L/min)			70～80	70～100
	喷嘴/个			2	2
	喷嘴直径/mm			1.7～1.9	1.7～1.9
压缩空气	压力/MPa		0.6～0.8	0.6～0.8	1.0～1.2
	流量/(m³/min)		0.8～1.2	0.8～1.2	0.8～1.5
	喷嘴/个		2 或 1	2	2
	喷嘴间隙/mm		1.0～1.5	1.0～1.5	1.0～1.5
水泥浆	压力/MPa	22～40	25～40	0.2～0.8	35～40
	流量/(L/min)	70～100	70～100	60～80	70～110
	密度/(g/cm³)	1.4～1.5	1.4～1.5	1.5～1.7	1.4～1.5
	喷嘴(出浆口)/个	2 或 1	2 或 1	2	2
	喷嘴直径/mm	2.0～3.2	2.0～3.2	6～12	2.0～3.2
	孔口回浆密度/(g/cm³)	≥1.3	≥1.3	≥1.2	≥1.2
提升速度 V/(cm/min)	粉土		10～20		15～30
	砂土		10～25		15～35
	砾石		8～15		10～25
	卵(碎)石		5～10		8～20
旋(摆)速度	旋喷/(r/min)		宜取 V** 值的 0.8～1.0 倍		
	摆喷/(次/min)*		宜取 V** 值的 0.8～1.0 倍		
	摆角/(°)	粉土、砂土	15～30		
		砾石、卵(碎)石	30～90		

* 摆动一个单程为一次；** 单喷嘴取高限，双喷嘴取低限。

　　高喷灌浆孔的孔距应根据墙体结构型式、墙深、防渗要求和地层条件，综合考虑确定。

　　高喷灌浆的工艺参数和钻孔布置初步确定以后，一般宜进行现场试验予以验证和调整。特别是重要的、地层复杂的或深度较大（≥40m）的高喷灌浆防渗工程，一定要进行现场试验。高喷灌浆试验可按照下述原则进行：

（1）确定有效桩径或喷射范围、施工工艺参数和浆液种类等技术指标时，宜分别采用不同的技术参数进行单孔高喷灌浆试验。

（2）确定孔距和墙体的防渗性能时，宜分别采用不同的孔距和结构型式进行群孔高喷灌浆试验。

第七节　高喷防渗墙钻孔和灌浆

一、钻孔

1. 钻机就位

将使用的钻机安置在设计孔位上，使钻杆对准孔位中心，孔位偏差不大于5cm。钻机就位后，用水平尺校正机身，使钻杆轴线垂直对准钻孔中心位置，钻杆的垂直度偏差不得大于0.5%，以确保钻孔达到设计要求的垂直度。

2. 钻孔

根据地层情况和加固深度选择合适钻机。在标准贯入击数小于40的砂类土和黏性土层进行单管旋喷时，多使用旋转振动钻机，钻进深度可达30m。对于较密实、标贯击数较大的地层宜用地质钻机钻孔，砂砾层中可采用跟管钻进工艺。在二重管和三重管高喷中，为了提高工效，降低造价，宜优先使用跟管钻进。也可采用地质钻机钻孔，泥浆护壁。

采用套管或跟管方法钻进时，在起拔套管前应向钻孔内注满护壁泥浆，或下入特制的PVC花管护壁。PVC花管的性能应满足设计要求。也可采用下入喷射管后起拔套管再进行喷射灌浆。

当在钻孔中直接进行高喷时，钻孔孔径应大于喷射管直径20mm。高喷灌浆孔的深度，对于封闭式防渗板墙，深入相对不透水层或岩层不宜小于0.5m；对于悬挂式防渗板墙，应大于设计深度0.3m。当孔深小于30m时，钻孔的孔斜率应不大于1%。

3. 下入喷射管

使用旋转振动钻机钻孔时,下管与钻孔两道工序合二为一,钻孔完毕,下管作业即完成。使用地质钻机钻孔时,终孔后须取出钻具,换上旋喷管下入到预定深度。在下管过程中,为防止泥沙堵塞喷嘴,可采取包扎塑料膜或胶布的防护措施,也可边低压送水、气、浆边下管,水压力一般不超过1MPa,如压力过高则易将孔壁射塌。

在砂卵石地层采用跟管钻进,钻孔达到设计孔深后注入护壁泥浆,再拔出套管。护壁泥浆应根据施工机械、工艺及穿越土层情况进行配合比设计和试验,在现场配制使用。膨润土泥浆可按表 8-13 的性能指标制备。

表 8-13   钻孔护壁膨润土泥浆的性能指标

项目	性能指标	检验仪器
相对密度/(g/cm³)	1.1~1.15	泥浆密度计
马氏漏斗黏度/s	18~25	500/700 漏斗
含砂率/%	<6	
胶体率/%	>95	量杯法
失水量/(mL/min)	<10	失水量仪
泥皮厚度/(mm/30min)	1~3	失水量仪
静切力/Pa	1min,2~3 10min,5~10	静切力计
稳定性	<0.03	
pH	7~9	pH 试纸

二、灌浆

1. 喷射灌浆

在插入旋喷管前先检查高压水与空气喷射情况,各部位密封圈是否封闭,插入后先作高压水射水试验,合格后方可喷射浆液。如因塌孔插入困难时,可用低压(0.1~2MPa)水冲孔喷下,但须把高压水喷嘴用塑料布包裹,以免泥土堵塞喷嘴。

喷射管下到设计深度后,开始时先送高压水,再送水泥浆和压缩空气(在一般情况下,压缩空气可迟送 30s)。之后原地静喷 1~3min,待达到预定的喷射压力和喷射量,且孔口冒出浆液后,再按预先定好的提升、旋转或摆动速度,自下而上进行喷射作业,直到设计高度方可停送水、气、浆,提出喷射管。喷射过程中必须时刻注意检查浆液的流量、压力、气量以及旋、摆、提升速度等参数是否符合要求,并随时做好记录,绘制作业过程曲线。旋喷桩的喷浆量 Q(L/根)可按式(8-1)计算。旋喷过程中,冒浆应控制在 10%~25% 之间(单管或二管法)。

$$Q = \frac{H}{v}q(1+\beta) \qquad (8-1)$$

式中:Q——喷浆量,L/根;

$\quad\quad H$——旋喷长度,m;

$\quad\quad V$——旋喷管提升速度,m/min;

$\quad\quad Q$——泵的排浆量,L/min;

$\quad\quad \beta$——浆液损失系数,一般取 0.1~0.2。

喷射灌浆应由下而上连续进行。接、卸换管时,动作要迅速,防止坍孔和堵塞喷嘴;接、卸换管及事故处理后,下管位置应比原停喷高度下落 20~50cm,进行复喷搭接,以使墙(桩)的上下连贯。

高喷灌浆过程中应采取必要措施保证孔内浆液上返畅通,避免造成地层劈裂或地面抬动。在细颗粒地层采用三管法施工时,大幅度降低水压、气压,注入浓水泥浆充满钻孔,可以较为有效地防止发生此类事故。

当处理既有建筑地基时,应采取速凝浆液或大间隔孔距旋喷和冒浆回灌等措施,以防旋喷过程中地基产生附加变形和地基与基础间出现脱空现象,影响被加固建筑及邻近建筑。

施工中应准确记录高喷灌浆的各项参数、浆液材料用量、异常现象及处理情况等。

2. 冲洗

当喷射管提升到设计标高后,喷射完毕,应及时将各管路冲洗干净,管内、机内不得残存水泥浆,以防堵塞。通常把浆液换成水,在地面上喷射,以便把泥浆泵喷射管内的浆液全部排出,直至出现清水为止。

3. 充填灌浆

喷射结束后浆液凝固析水,凝结体顶部会出现凹陷,应随即在喷射孔内进行静压充填灌浆,直至孔口液面不再下沉。

4. 移动机具

喷射灌浆结束后,把钻机等机具设备移到新孔位上,进行下一孔的施工作业。相邻两桩施工间隔时间应不小于48h,间距应不小于6m。

三、特殊情况及处理

(1) 喷射过程中发生故障时,应停止提升和喷射,以防桩体或板墙中断,同时立即进行检查,排除故障;如发现有浆液喷射不足,影响桩体的设计直径时,应进行复喷。

高喷灌浆因故中断后恢复施工时,应对中断孔段进行复喷,搭接长度不得小于0.5m。

(2) 大量漏浆和冒浆处理。在旋喷过程中,往往有一定数量的土粒,随着一部分浆液沿着喷射管管壁冒出地面。通过对冒浆的观察,可以及时了解土层状况、旋喷的大致效果和旋喷参数的合理性等。根据经验,冒浆(内有土粒、水及浆液)量小于注浆量20%者为正常现象,超过20%或完全不冒浆时,应查明原因并采取相应的措施:

1) 地层中有较大空隙引起不冒浆或严重漏浆。如在钻孔中发生漏浆,则应当加大钻进泥浆的浓度,在泥浆中掺加砂子,或向孔内填入其他堵漏材料,使其恢复孔口正常返浆。在喷射时漏浆,则可在浆液中掺加适量的速凝剂,缩短固结时间,使浆液在一定土层范围内凝固。另外,还可在空隙地段增大注浆量,填满空隙后再继续正常旋喷。

2) 冒浆量过大的主要原因,一般是有效喷射范围与注浆量不相适应,注浆量超过旋喷体凝结所需的浆量所致。

减少冒浆量的措施有三种:

① 提高喷射压力；

② 适当缩小喷嘴孔径或减少注浆量；

③ 加快提升和旋转速度。

对于冒出地面的浆液,如能迅速地进行过滤、沉淀除去杂质和调整浓度达到要求后,可予以回收利用。但回收处理后的浆液中难免会有砂粒,故只有三重管旋喷注浆法可以利用冒浆再注浆。

(3) 在正常进浆的情况下,若孔口回浆密度变小、回浆量增大,应降低气压并加大进浆浆液密度或进浆量。

(4) 高喷灌浆过程中发生串浆时,应填堵串浆孔,待灌浆孔灌浆结束后,尽快对串浆孔扫孔,继续未完成钻孔钻进或高喷灌浆。

第九章

质量检查与质量评定

第一节　混凝土防渗墙质量检查

混凝土防渗墙工程是隐蔽工程,质量的控制和检查极其重要。它的检测手段至今尚不十分完善,通常主要应注重施工过程的检查和控制。对墙体的检查,要全面分析各项检测成果和整体防渗效果,综合评价。不要因个别数据的差异而作出片面的结论。

防渗墙的质量检查包括造孔、清孔、混凝土浇筑等工序质量检查和墙体质量检查,各工序检查合格后,签发工序质量检查合格证。上道工序未经检查合格,不得进行下道工序。

一、造孔检查

1. 质量标准

造孔检查内容包括槽孔的位置、轮廓尺寸、孔斜和孔深(入岩深度)等,其质量标准见表 9-1。

表 9-1　　　　　造孔质量标准

序号	项目		质量要求	检查方法
1	孔位偏差		不大于 3cm	尺量
2	槽孔宽度(墙厚)		不小于设计墙厚	钻头、抓斗、超声波测孔仪
3	孔斜率	一般地层	≤0.4%	重锤法超声波测孔仪
4		孤石、基岩陡坡	≤0.6%	
5		接头孔	两次孔位中心在任一深度的偏差不大于设计墙厚的1/3	
6	入岩深度		符合设计要求	岩样鉴定或钻孔检查

2. 孔位和孔宽

（1）孔位。孔位是指槽孔以及组成槽孔的各单孔的孔口位置。槽孔中心线的位置由各单孔的孔中心位置确定，所以在槽孔验收时要检查各单孔的孔位。单孔孔位的最大允许偏差为 3cm，在不同方向均应满足此要求。

检查孔位以设于防渗墙两端和各槽孔附近的中心线测量标桩为基准。当采用钢丝绳冲击钻机造孔时，一般是先测定第一道铁轨的位置，然后以铁轨的位置为基准检测各单孔中心的位置。检测的方法是将钻具垂直吊放于孔内的孔口处，检测吊挂钢丝绳或钻具中心位置的偏差值。

（2）孔宽。孔宽可以用超声波测孔仪或直径、宽度不小于设计墙厚的钻具检查。超声波测孔仪检测的结果较精确，而且可以测出超挖量的大小；而用钻具检测只能判断是否满足孔宽要求。

钻具的直径或宽度决定了槽孔的宽度；所以，直径或宽度不小于设计墙厚的钻具能顺利下放到孔底并能在孔内自由移动，就说明槽孔的宽度满足设计要求。

对于二期槽孔来说，还要检查与一期墙段搭接处的槽孔宽度是否满足设计要求。

3. 钻孔偏斜

钻孔偏斜的程度用孔斜率表示。孔斜率是指孔底或某一深度孔中心的位置相对于孔口孔中心位置的偏差值与孔深的比值。孔斜可用重锤法或超声波测孔仪检测。超声波测孔仪操作简便，检测的结果较精确，而且可以同时完成孔宽的检测，在具备条件的情况下应大力推广应用。

（1）重锤法检测孔斜。采用冲击式钻机造孔成槽时，可将冲击钻头下至孔底，拉紧钢丝绳，根据相似三角形原理，通过测量钢绳在孔口处偏离槽孔中心的距离来计算孔底的偏距和偏斜率（图 9-1），孔底偏距采用式（9-1）计算。

$$B = A(H+h)/h \approx A(H'+h)/h \qquad (9\text{-}1)$$

式中：B——孔底偏距，m；

H——设计孔深,m;

H'——测量深度,m;

h——桅杆高度,m;

A——钢丝绳在槽孔口偏离中心位置距离,m。

(2)超声波测孔仪测孔斜。超声波测孔仪由超声波振荡器、发射和接收超声波的井下装置、将超声波转换成数字和图形并进行记录的自动记录仪、悬吊和移动井下装置的卷扬系统四部分组成(图9-2)。测量者可以根据槽孔的大小和测量精度要求选择测量多个断面,形成槽孔的空间图形,较为准确地计算需要浇筑的混凝土方量。

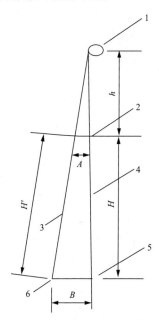

图9-1 重锤法检测孔斜示意图

1—桅杆天轮;2—孔口基准面;3—钢丝绳;4—设计中心线;

5—槽底高程;6—钻头中心

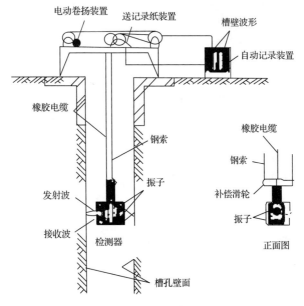

图 9-2　超声波测孔仪示意图

4. 入岩深度检查

（1）入岩深度。绝大部分的防渗墙都有嵌入基岩的要求，悬挂式防渗墙也要嵌入相对不透水层一定的深度。入岩深度由设计根据地质条件和工程要求确定，一般为 0.5～1.0m；当基岩的风化程度较高、较破碎或硬度较小时，入岩深度要求可达 1.5～2.0m。施工中也会根据基岩鉴定揭示的地质情况随时调整入岩深度。此外，遇到陡坡岩面时，基岩钻进的深度也要增加；否则不能保证垂直岩面方向的入岩深度。由于基岩深埋地下，其位置和岩性难于准确判断；为了保险，实际入岩深度往往超过设计入岩深度。

防渗墙的钻孔孔径一般较大，入岩较困难，应尽量避免不必要的加大入岩深度；否则会给施工进度造成非常不利的影响。基岩中的问题主要依靠墙下岩石灌浆去解决。

（2）入岩深度的检查方法。防渗墙的入岩深度不能直接量测，只能用间接的方法进行判断。防渗墙入岩深度检查的方法是：在钻进基岩的过程中鉴定基岩面位置及岩性，据此确定入岩深度和终孔深度，所确定的入岩深度应不小于设计入岩深度；在槽孔检验时，将实际终孔深度与所要求的终孔深度相比较，判定其是否满足要求。由于防渗墙沿线的岩面和岩性情况不同；所以每个槽孔都必须进行多点基岩鉴定和多点检查。当采用钢丝绳冲击钻机造孔时，一般只进行主孔的基岩鉴定和检查，在岩面和岩性变化较大的情况下才进行副孔的基岩鉴定和检查。副孔的终孔深度一般应大于两相邻主孔终孔深度的平均值。

（3）基岩鉴定。对于需要嵌入基岩的防渗墙，基岩鉴定是十分重要的工作，也是一项难度很大的工作，必须给予足够的重视。基岩鉴定一直是一个困扰防渗墙施工的主要问题。水利水电工程大多位于深山狭谷之中，覆盖层中含有大量的漂石和孤石，基岩面的情况极为复杂，在基岩面附近碰到与基岩岩性相同的大孤石很难判断是孤石还是基岩。一旦误判岩面造成墙底悬挂和返工，就会带来巨大的工期和经济损失。由此可见，基岩鉴定必须有绝对的把握，宁可多打不能少打。要保证基岩鉴定有足够的准确性，必须先做好了解基岩特性、补充勘探等基础工作。

1）基岩鉴定的方法。基岩鉴定包括岩面鉴定和岩性鉴定。通过岩面鉴定确定入岩深度的计算起点；通过岩性鉴定会确定入岩深度和终孔深度。

有勘探孔的部位根据该勘探孔的资料确定岩面深度和入岩深度。当钻孔感觉与勘探资料明显不符时，应查明原因，验证勘探资料的正确性。大多数没有勘探孔的部位须在钻进的过程中取样鉴定基岩面。在鉴别岩样的同时，综合考虑勘探孔岩面线、相邻主孔岩面、钻进感觉、钻进速度、钻具磨损情况等因素。

取样鉴定的方法是：当孔深接近预计基岩面时，即开始取样,每钻进 10～20cm 取样一次,并对取样深度、钻进感觉等情况作记录;由现场地质工程师对所取岩样的岩性和含量逐一进行鉴定,当某一深度岩样的岩性与基岩岩性一致,含量超过 70%,且与钻进情况和相邻孔的岩面高程不相矛盾时,即可确定该深度为岩面深度。

当上述方法难以确定基岩面,或对基岩面产生怀疑时,应采用岩芯钻机钻取岩样,加以验证和确定。钻孔入岩深度应不小于 10m,特殊情况应不小于 15m。

每个鉴定部位(单孔)在终孔前均须填写基岩鉴定表,注明孔位、取样深度、岩性、确定的岩面高程和终孔深度等内容,由监理工程师签认后作为检查入岩深度和工程验收的依据。自基岩顶面至终孔所取的岩样应完好保存在岩芯箱中,以备验收时检查。

2) 补充勘探。基岩鉴定的主要依据是地质勘探资料,但设计阶段的勘探孔间距很大,一般都在 50m 以上,而且不一定在防渗墙的轴线上,不能满足防渗墙施工的需要;所以在施工阶段必须进行补充勘探。补充勘探应尽早进行,以免给防渗墙施工带来过多的干扰。补充勘探孔的间距应不大于 20m,岩面起伏较大、变化复杂的部位还应加密,最好每个槽孔有一个勘探孔。补充勘探孔的入岩深度一般应不小于 3m,有较大孤石时应不小于 5m。若防渗墙已开始施工,为减少在覆盖层中的钻孔工作量,补充勘探钻孔也可在孔深已接近基岩面的防渗墙主孔中进行。

二、清孔检查

1. 质量标准

清孔阶段应当检查孔底淤积厚度、孔内泥浆质量,二期槽孔还应检查接缝面泥皮刷洗情况。各检查项目质量要求见表 9-2。应注意,当墙体深度小于 40m 时,可降低表中的指标要求,其中膨润土泥浆含砂量可降低为 6%,黏土泥浆含砂量可降低为 10%。

表 9-2   **清孔质量标准**

序号	项目			质量要求
1	孔底淤积			≤10cm
2	清孔换浆	膨润土泥浆	密度	≤1.15g/cm³
			马氏漏斗黏度	32~50s
			含砂量	4%
		黏土泥浆	密度	≤1.3g/cm³
			马氏漏斗黏度(500/700ml)	≤35s
			含砂量	≤8%
3	墙段接头刷洗			刷子钻头上基本不带泥屑,孔底淤积不再增加

2. 墙段接头刷洗检查

二期槽孔成槽后,需要对槽孔两端的一期墙段的端面进行刷洗,将黏附其上的泥皮和残渣刷洗干净。刷洗方法是用特制的钢丝刷贴紧接缝面分段反复上下提拉刷洗。刷洗和检查同时进行,直至钢丝刷上不再带有泥屑,孔底淤积不再增加,方可认为刷洗合格。

3. 孔底淤积厚度检查

孔底淤积的检查一般都采用测绳和钢制的测饼、测针。用测饼和测针检查时,淤积厚度等于测针的测深减测饼的测深。单用测饼检查时,淤积厚度等于用钻具测得的终孔孔深减测饼的测深。测饼的直径为120mm,厚度为20mm,中间开有直径30mm的出浆孔。测针可用直径25~30mm,长400~500mm的钢筋制作。分别用测饼和测针测量时不容易落到同一个测点上,所以有的施工单位采用一体式测针和测饼(图9-3)进行测量。利用超声波探测孔底淤积厚度的仪器已研制成功,但应用尚不普及。

4. 清孔换浆检查

清孔换浆后孔内泥浆性能的检查方法是:清孔换浆结束1h后,用取浆器取距离孔底0.5~1.5m处泥浆检测其密度、黏度和含砂量。每个槽孔至少在两个孔位取样。

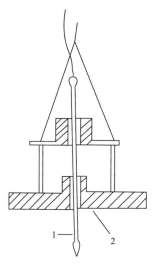

图 9-3　一体式淤积厚度测针和测饼

1—测针；2—测饼

三、墙体材料检查

1. 原材料检验

混凝土原材料的检测项目和抽样频次按 SL677—2014 有关规定执行，见表 9-3。

表 9-3　　　　　　　　　混凝土原材料检测

材料名称	检测项目	取样地点	抽样频数	检测目的	控制目标
水泥	标号，凝结时间、安定性、稠度、细度、密度	水泥库	每批或每200～400t一次，不足200t也作为一个取样单位	检验进场水泥质量是否符合国家标准	
	快速检定标号	拌和厂	1/浇筑块，1/400t	验证水泥活性	

材料名称	检测项目	取样地点	抽样频数	检测目的	控制目标
砂	表面含水率 细度模数 含泥量	拌和厂	按同料源每600～1200t 一次	调整混凝土加水量 筛分厂生产控制,调整混凝土配合比生产控制	±1% ±0.2%
石子	超逊径 针片状 表面含水率	拌和厂	同料源、同规格碎石每2000t 为一批;卵石每1000t 为一批	筛分厂生产控制,调整混凝土配合比 筛分厂生产控制,调整混凝土加水量	按规范 ±1%
外加剂	有效物含量(或密度)	拌和厂	按 SL677—2014 的第 11.2.6 规定执行	调整加入量	

2. 混凝土拌制

对拌制混凝土各种材料的计量允许误差,根据《水工混凝土施工规范》(DL/T 5144—2015)规定应符合表 9-4 的要求。对新拌混凝土性能的要求见表 9-5。

表 9-4   **混凝土原材料称量允许误差**

序号	项目	质量要求
1	水泥、混合材	±1%
2	砂、石子	±2%
3	水、外加剂溶液	±1%

表 9-5   **新拌混凝土性能要求**

序号	项目	质量要求	备注
1	坍落度	18～22cm,在 1h 内≥15cm	每 2h 在拌和机口进行 1 次检查
2	扩散度	34～40cm	
3	初凝时间	≥6h	
4	终凝时间	≤24h	

3. 新拌混凝土的质量检查

防渗墙混凝土拌和物的和易性除开浇时必须检查外,每班至少在现场取样检查 2 次;当发现流动性和均匀性不满足要求时,应及时调整配合比。

由于高流动性的混凝土的流动性和均匀性在运输的过程中容易发生变化,所以其拌和物的质量控制应以在浇筑现场取样检查为主。此外,为了检验配合比和搅拌时间是否适当,在搅拌机机口也应适时取样检查其流动性和均匀性。

流动性采用测试其坍落度和扩散度的方法检查,其检查方法应按《水工混凝土试验规程》(SL352—2006)进行;均匀性和粘聚性一般根据经验采用目测的方法检查。

四、混凝土浇筑检查

1. 质量标准

混凝土浇筑质量检查包括导管布置、预埋件、导管埋深、混凝土面上升速度、混凝土面高差等,各检查项目质量要求见表 9-6。

表 9-6   混凝土浇筑质量要求

序号	项目		质量要求	备注
1	导管布置	导管中心距离	≤4.0m	采用一级配混凝土,不大于 5.0m
		导管中心距端部	1.0~1.5m	
2	导管埋深		2.0~6.0m	
3	混凝土面上升速度		≥2.0m/h	
4	混凝土面高差		≤0.5m	
5	预埋件		符合设计要求	

2. 导管布置

一般情况下,每个槽孔要下设 2~3 套浇筑导管。下设导管时,用钢尺测量导管之间中心距离及导管中心与槽孔端部或接头管壁面的距离,数值应符合表 9-6 中规定。当采用一级配混凝土时,导管之间的距离可适当加大,但不应超过 5.0m。

3. 导管埋深

导管埋入混凝土中的最小深度不宜小于 2m,最大深度也不宜大于 6m,在混凝土面上升较快时,可适当加大,但不宜超过 8m;当混凝土顶面接近孔口或设计墙顶高程时,为便于混凝土流动,导管埋深可适当减小,但不宜小于 1m。

每隔 30min 测量一次导管埋深,在开浇阶段和接近终浇阶段应加密测量。相邻导管底部高差不宜超过 3.0m。每次拆卸导管之前必须测量导管埋深,避免导管拔脱事故。

4. 混凝土面

测量混凝土面时,在导管之间、导管与孔端之间布置测点。

至少每隔 30min 测量 1 次槽孔内混凝土面深度,每隔 2h 测量 1 次导管内的混凝土面深度。在任意测量时段之间,混凝土面上升速度不应小于 2m/h;各测点的混凝土面高差不得超过 50cm。

五、混凝土试件检查

1. 检查项目

混凝土试件主要检查项目包括抗压强度、弹性模量和抗渗等级(或渗透系数);工程有特殊要求时,可增加抗拉强度、抗剪强度、泊松比、内聚力、内摩擦角、渗透破坏坡降等项目。

防渗墙墙体材料的性能指标检查以抗压强度和抗渗性能为主。弹性模量越低越好,但弹性模量是随着强度的增长而增长的,难以确定其合理的匹配关系,两者往往不能同时满足要求;只能在满足强度要求的前提下,尽量降低弹性模量。对于柔性墙体材料,应以弹性模量与抗压强度的比值(弹强比)作为一项衡量配合比设计和施工管理水平优劣的指标。

2. 检查方法

(1) 抗压强度。混凝土抗压强度试验按照 SL677—2014 规定的方法进行,一般只进行 28d 龄期的试验,必要时可增加少量 7d 和 90d 龄期的试验。粉煤灰混凝土应进行 90d 龄期的试验。

抗压强度试件每个墙段至少成型 1 组,大于 500m³ 的墙段至少成型 2 组。一般的,混凝土方量在 200m³ 以内的槽孔成型一组,200~300m³ 的成型 2 组(槽孔上、下各一组),300m³ 以上的成型 3 组(槽孔上、中、下各一组)。混凝土成型试件宜在孔口取样,也可在机口取样;试件一般以 15cm×15cm×15cm 立方体试模成型;成型时可轻微振动以排出空气,但不得插捣。

(2)弹性模量。混凝土弹性模量和抗压强度具有较好的相关关系,因此,不需要对每个槽孔都取样试验。一般中、小型工程或者一个验收批取 2~3 组试样即可;大型防渗墙工程或者大的验收批取 3~5 组即可。对于普通混凝土和粉煤灰混凝土,试件一般以 ϕ15cm 高 30cm 的圆柱体试模成型,每组试件 4 块;对于塑性混凝土和自凝灰浆或固化灰浆,因要进行三轴试验,试件一般以 ϕ10cm 高 20cm 或 ϕ15cm 高 30cm 的圆柱体试模成型,每组试件至少 4 块。可以同抗压强度试件同时取样、同时成型。

普通混凝土、黏土混凝土和粉煤灰混凝土的弹性模量试验按 SL677—2014 进行。塑性混凝土和固化灰浆的弹性模量测试建议按下述方法进行:

1)采用应变控制式中压三轴压力试验机进行弹性模量测定;

2)在 $\sigma_3=0$ 的情况下,将其中 1 个试件压坏,求其极限抗压强度 σ_1;

3)试验前对每一个试块均需进行 3 次预压,预压应力为 $0.3\sigma_1$,然后依次对各试块进行不同侧压力下的极限破坏试验,以求得不同 σ_3 情况下的极限破坏应力;

4)加荷方式为应变式,加荷速率控制在 0.2mm/min。

(3)抗渗等级(或渗透系数)。由于混凝土的抗渗指标与抗压强度相关联,而且成型试件所得出的抗渗性能并不完全表示浇筑到槽孔内的混凝土也具有同样的性能,所以不必对每个槽孔都进行抗渗指标的检验;但也不宜过少,否则会给质量评定造成困难;一般 8~10 个槽孔成型一组(6 块),具体数量根据工程的重要性及设计要求确定。可以同抗压强度试件同时取样、同时成型。

对于抗渗性能的检查方法，普通混凝土和黏土混凝土可按 SL677—2014 规定的方法检查其抗渗等级；但塑性混凝土能承受的压力较小，不能采用逐级加压的方法测定抗渗等级，只宜用较低的压力测试其渗透系数。

在塑性混凝土进行渗透试验时，应对试件施以恒定水压，试验压力应控制在允许渗透坡降的范围内，并测定从开始施压至抗渗试件表面渗出水的时间。假设试件中的水流符合达西定律，据此计算出混凝土试件的相对渗透系数。

部分塑性混凝土抗渗试件在做完渗透系数试验后，应继续逐级加大水压，直至大量渗水，以验证其抗渗等级和渗透破坏比降。为此增加的工作量不大，既可为当前的工程提供试验成果，又可为今后的工作积累宝贵的经验。

（4）固化灰浆。固化灰浆性能检测试件一般采用砂浆试模或土工试模成型。抗压强度试件可采用边长 7.07cm 正方形三件一体试模成型，在吨位较小的压力机上测试。弹性模量一般在土工三轴仪或土工单轴抗压强度仪上试验。抗渗指标检验是在砂浆渗透仪或土工渗透仪上测试其渗透系数，试验压力比塑性混凝土渗透试验的压力更低，一般不宜超过 0.1MPa。当采用置换法施工时，各检测项目的取样数量和频次与混凝土相同。采用原位搅拌法施工时，墙体材料是在槽孔内整体搅拌的，所以只能在槽孔内取样。为了判断其整体均匀性，必须在每个槽孔的不同部位取样检查。每个槽段至少在两个不同的深度取样成型抗压试件各 2 组；抗渗试件每 8～10 个槽段成型一组。

六、墙体质量检查

墙体质量检查应在成墙 28d 后进行，检查内容为必要的物理力学性能指标、墙段接缝及可能存在的缺陷。现行采用的方法有钻孔取芯法、超声波法和地震透射层析成像（CT）法。

1. 钻孔取芯法

钻孔取芯法是使用岩芯钻机在混凝土防渗墙墙体上获取试样,通过对试样的检查试验了解墙体混凝土的情况,即有无夹泥和水平冷缝、混凝土密实程度、强度、与基岩面接触情况、墙底沉渣厚度等。这种检验方法的优点是比较简单直观,缺点是钻孔及试验时间长,要求施工人员具有一定的专业技术水平,成本较高,检验的结果实际上是钻孔通过部分的混凝土样本的情况;另外钻孔对墙体有一定的削弱甚至破坏作用。

检查孔的数量宜为每 15～20 个槽孔一个,位置应有代表性。

宜采用内径 100mm 或 150mm 的金刚石或人造金刚石薄壁钻头钻取芯样,水工混凝土防渗墙钻芯取样时最好采用双管单动钻具取芯。钻取的芯样直径一般不宜小于骨料最大粒径的 3 倍。芯样抗压试件的高度和直径之比应在 1～2 的范围内,芯样试件内不应含有钢筋。

对芯样试件进行抗压强度试验测得的混凝土强度可以换算成相应于测试龄期的、边长为 150mm 的立方体试块的抗压强度值(即芯样试件的混凝土强度换算值)。计算公式为:

$$f_{cu}^c = \alpha \frac{4F}{\pi d^2} \tag{9-2}$$

式中:f_{cu}^c——芯样试件混凝土强度换算值,MPa;

F——芯样试件抗压试验测得的最大压力,N;

d——芯样试件的平均直径,mm;

α——不同高径比的芯样试件混凝土强度换算系数,按表 9-7 选用。

表 9-7　　　　芯样试件混凝土强度换算系数

高径比/(h/d)	1.0	1.1	1.2	1.3	1.4	1.5	1.6	1.7	1.8	1.9	2.0
系数 α	1.00	1.04	1.07	1.10	1.13	1.15	1.17	1.19	1.23	1.22	1.24

规程还规定:高度和直径均为 100mm 或 150mm 芯样试件的抗压强度测试值,可直接作为混凝土强度换算值。

综合国内外的经验,当使用钻孔取芯的方法检测墙体质量时,应当注意:

(1) 当混凝土强度低于 10MPa 时,不宜在墙体上取芯检查。

(2) 当需要对墙身取芯检查时,需按中国工程建设标准化协会标准《钻芯法检测混凝土强度技术规范》(CECS 03:2007)中有关钻孔取芯的规定进行施工。

(3) 不能指望对墙体钻孔取芯试样所进行的抗压强度试验结果能够达到机口取样试样的强度指标。国内外的经验都证明,防渗墙钻孔取芯试样的抗压强度只有机口取样的抗压强度的 50%～80%,而且离散性很大,钻孔取芯试样的抗压强度离差系数 C_v 值是机口取样试件 C_v 值的 3 倍,因此要求钻孔取芯试件的抗压强度达到设计指标是不切实际的。

(4) 不应当以防渗墙钻孔取芯的抗压强度值作为评判防渗墙混凝土强度是否合格的标准,而只能作为了解混凝土防渗墙整体质量均匀性的参考。

(5) 如果设计对防渗墙体混凝土质量有特殊要求,应当提高混凝土标号,使其有足够的安全保障。

2. 超声波法

测试前,须先在防渗墙中心线上预埋若干根垂直测管(或在混凝土达到设计龄期后在墙体内钻孔),然后在相邻的管(孔)内作跨孔声波测试,通过波速计算墙体混凝土的密实度。质量好的混凝土对弹性波有很好的传播性能,频率 5×10^4 Hz 范围内的超声波在混凝土中的速度接近 4000m/s,当混凝土中夹有泥砂等软弱材料和密实度差时,其波速减少,振幅衰减大,从而可以判断墙体混凝土质量。但此法需先进行若干室内试验,求得各种混凝土的强度和波速之间的关系式。

3. 地震透射层析成像(CT)技术

地震透射层析成像(CT)技术的基本原理是利用激发地

震波对被测剖面进行透射,然后利用各个方向上的投影值(弹性波走时)来重构剖面物性(弹性波波速)图。常规的地震透射CT的解算方法是首先把剖面划分成许多等面积小方格(单元),单元大小一般应满足所划单元可视为均一的地质体,并保证每个特定值单元至少有两条射线通过。然后利用弹性波投影值,通过解大型线性方程组来得到单元物性(波速)值。这样一般只要异常体大于2倍单元尺寸,物性差异(波速)大于5%,即可确定出异常体的位置和性质。黄河小浪底水利枢纽工程主坝防渗墙(右岸)中进行了旨在对墙体质量进行评价的地震层析成像试验,用此法对黄河小浪底水利枢纽主坝防渗墙的25个槽孔8200m² 面积的墙体进行了检测试验,检测结果的图像显示出了波速的低速区、中速区和高速区,从而显示了墙体混凝土强度在剖面上分布的不均匀情况(这是正常的),后来与钻孔取芯的结果和开挖检查的结果基本一致。

第二节　高喷防渗墙质量检查

一、质量检查项目

高喷喷射防渗墙工程质量检查项目主要是墙体的渗透性,同时要求墙体连续、均匀,厚度符合要求。重要工程高喷板墙应检验其渗透稳定和结构安全。

当有特殊要求时,可检查高喷凝结体的密度、抗压强度、弹性模量、抗溶蚀性等。

二、质量检查方法

高喷喷射防渗墙工程质量难以进行直观地检查。通常采取的检查方法有:开挖观察、取样试验、钻孔取芯和压水试验、围井渗透试验、整体效果观察等。必要时应进行电探、渗流原型观测、载荷试验等。应当根据设计对喷射桩体或板墙的技术要求,选取适宜的方法对适当的部位进行抽样检验。

1. 检查部位

对于高喷防渗板墙,质量检查的重点宜布置在地层复杂的、施工过程中漏浆严重的或可能存在质量缺陷的部位。

2. 围井试验

围井是为检查高喷板墙质量而构筑的,以被检查板墙为其一边的封闭式井状结构物(图9-4)。

围井可适用于各种结构型式的高喷防渗板墙的质量检查。它的作法是在已施工完毕的板墙的一侧加喷若干个孔,与原板墙形成三边、四边或多边形围井。

(1)围井的数量可按每3~5个单元工程布置一个围井控制。每个单元工程的防渗面积以不大于1000m²为宜。少于3个单元的工程应布置一个围井;

(2)组成围井的各边,即加喷的板墙和被检的板墙的施工参数及墙体结构应一致;

(3)围井板墙轴线以内的平面面积,在砂土、粉土层中不宜小于3m²,在砾石、卵(碎)石层中不宜小于4.5m²;

(4)围井的深度应与被检查板墙的深度一致,悬挂式高喷板墙的围井底部应采用局部高喷的方法进行封闭。当围井用于注水试验,且注水水头高于围井顶部时,围井顶部应予以封闭。

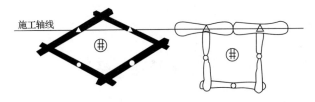

图 9-4　围井示意图

△—已施工孔;○—加喷孔;井—检查孔

围井检查宜在围井的高压喷射灌浆结束7d后进行;围井形成至少14d以后,可在井内开挖对墙体进行直观检查;在墙体上取样试验宜在该部位灌浆结束后28d进行。当需利用挖出的井体进行注(抽)水试验时,井内开挖的深度应深入到透水层内(图9-5)。

当在井内钻孔进行注(抽)水试验时,钻孔应位于围井中心,钻孔直径宜不小于110 mm,孔深应至围井底部。孔内应下入过滤花管(图 9-6)。

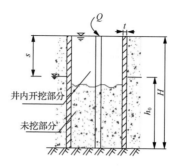

图 9-5　围井注水试验

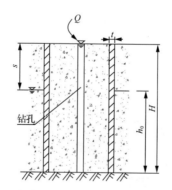

图 9-6　围井内钻孔注水试验

3. 渗透系数计算

在均质透水地基中进行注水试验时,可按照式(9-3)计算板墙的渗透系数。

$$K = \frac{2Qt}{L(H+h_0)(H-h_0)} \tag{9-3}$$

式中: K——渗透系数,m/d;

　　　Q——稳定流量,m³/d;

t——高喷墙平均厚度,m;

L——围井周边高喷墙轴线长度,m;

H——围井内试验水位至井底的高度,m;

h_0——地下水位至井底的高度,m。

4. 墙体上钻孔检查

厚度较大和深度较小的高喷板墙(旋喷或摆喷板墙)可采用在墙体上钻孔的方法检查工程质量。钻孔检查应在该部位高喷施工结束 28d 以后进行。钻孔应布置在板墙中心线上。测试高喷板墙的渗透性应通过钻孔进行静水头压水试验。若有专门要求,也可对钻孔芯样进行室内力学或渗透试验。

检查钻孔一般应每单元工程布置 1 孔。自上而下分段钻孔,分段进行静水头压水试验。获得的试验成果按《水工建筑物水泥灌浆施工技术规范》(SL62—2014)中压水试验的要求计算透水率。这里所说的静水头即指由水柱形成的静水压力,以避免使用水泵脉动压力造成对墙体的破坏。静水头的高度根据工程具体情况而定,为方便起见,通常可与孔口齐平。

5. 其他检查方法

(1)物探法检查。在防渗墙墙体上或上下游两侧钻孔,对墙体进行超声波探测,检查防渗墙的连续性和密实性。

(2)载荷试验。当高喷凝结体是用于加固地层,具有承载作用时,有时需要对旋喷凝结体进行垂直或水平的载荷试验。进行这种试验之前应对凝结体的加载部位进行加强处理,以防加载时凝结体受力不均匀而损坏。也可以钻检查孔,使用钻孔膨胀计测定高喷体的变形系数。

(3)整体效果观测检查。通过观测对比防渗墙施工前后下游渗漏量的大小,观测上下游测压管水位的变化,检查高喷墙的整体防渗效果。

第三节　质　量　评　定

一、评定标准

1. 混凝土防渗墙

(1) 单元划分。混凝土防渗墙一般以每一个槽孔划分为一个单元工程。混凝土防渗墙施工工序分为造孔、清孔(包括接头处理)、混凝土浇筑(包括钢筋笼、预埋件、观测仪器安装埋设)三个工序,其中混凝土浇筑为主要工序。

混凝土防渗墙单元工程施工质量验收评定,应在工序施工质量验收评定合格的基础上进行。

(2) 质量标准。混凝土防渗墙施工质量标准见表9-8。

混凝土防渗墙单元工程施工质量验收评定应符合下列规定:

1) 如果进行了墙体钻孔取芯和其他无损检测等方式检查,则在其检查结果符合设计要求的前提下,工序施工质量验收评定全部合格,该单元工程评定合格;

2) 如果进行了墙体钻孔取芯和其他无损检测等方式检查,则在其检查结果符合设计要求的前提下,工序施工质量验收评定全部合格,其中2个及以上工序达到优良,并且混凝土浇筑工序达到优良,该单元工程评定优良。

2. 高压喷射灌浆防渗墙

(1) 单元划分。高压喷射灌浆防渗墙宜以相邻的30~50个高喷孔或连续600~1000 m² 的防渗墙体划分为一个单元工程。

高压喷射灌浆防渗墙单元工程施工质量验收评定,应在单孔施工质量验收评定合格的基础上进行。

(2) 单孔质量标准。高压喷射防渗墙工程单孔施工质量标准见表9-9。

表 9-8

混凝土防渗墙施工质量标准

工序	项次		检验项目		质量要求	检验方法	检验数量
造孔	主控项目	1	槽孔孔深		不小于设计孔深	钢尺或测绳量测	逐槽
		2	孔斜率		符合设计要求	重锤法或测井法量测	逐槽
		3	施工记录		齐全、准确、清晰	查看	抽查
	一般项目	1	槽孔中心偏差		≤30mm	钢尺量测	逐孔
		2	槽孔宽度		符合设计要求(包括接头搭接厚度)	测井仪或测量测钻头	逐槽
清孔	主控项目	1	接头刷洗		符合设计要求,孔底淤积不再增加	查看、测绳量测	逐槽
		2	孔底淤积		≤100mm	测绳量测	逐槽
		3	施工记录		齐全、准确、清晰	查看	
	一般项目	1	孔内泥浆密度	黏土	≤1.30g/cm³	比重称量测	逐槽
				膨润土	根据地层情况或现场试验确定		
		2	孔内泥浆黏度	黏土	≤30s	500mL/700mL漏斗量测 马氏漏斗量测	
				膨润土	根据地层情况或现场试验确定		
		3	孔内泥浆含砂量	黏土	≤10%	含砂量测量仪量测	
				膨润土	根据地层情况或现场试验确定		

工序	项次		检验项目	质量要求	检验方法	检验数量
混凝土浇筑	主控项目	1	导管埋深	≥1m,不宜大于6m	测绳量测	逐槽
		2	混凝土上升速度	≥2m/h	测绳量测	
		3	施工记录	齐全、准确、清晰	查看	逐项
	一般项目	1	钢筋笼、预埋件、仪器安装埋设	符合设计要求	钢尺量测	逐槽
		2	导管布置	符合规范或设计要求	钢尺或测绳量测	
		3	混凝土面高差	≤0.5m	测绳量测	逐批
		4	混凝土最终高度	不小于设计高程0.5m	测绳量测	
		5	混凝土配合比	符合设计要求	现场检验	逐批
		6	混凝土扩散度	34~40cm	现场试验	
		7	混凝土坍落度	18~22cm或符合设计要求	现场试验	逐槽或逐批
		8	混凝土抗压强度、抗渗等级、弹性模量等	符合抗压、抗渗、弹模等设计指标	室内试验	
		9	特殊情况处理	处理后符合设计要求	现场查看、记录检查	逐项

表 9-9　　高压喷射灌浆防渗墙工程单孔施工质量标准

项次		检验项目	质量要求	检验方法	检验数量
主控项目	1	孔位偏差	≤50mm		逐孔
	2	钻孔深度	大于设计墙体深度	测绳或钻杆、钻具量测	
	3	喷射管下入深度	符合设计要求	钢尺或测绳量测喷管	
	4	喷射方向	符合设计要求	罗盘量测	
	5	提升速度	符合设计要求	钢尺、秒表量测	
	6	浆液压力	符合设计要求	压力表量测	
	7	浆液流量	符合设计要求	体积法	
	8	进浆密度	符合设计要求	比重称量测	
	9	摆动角度	符合设计要求	角度尺或罗盘量测	
	10	施工记录	齐全、准确、清晰	查看	抽查
一般项目	1	孔序	按设计要求	现场查看	逐孔
	2	孔斜率	≤1%，或符合设计要求	测斜仪、吊线等量测	
	3	摆动速度	符合设计要求	秒表量测	
	4	气压力	符合设计要求	压力表量测	
	5	气流量	符合设计要求	流量计量测	
	6	水压力	符合设计要求	压力表量测	
	7	水流量	符合设计要求	流量计量测	
	8	回浆密度	符合设计要求	比重称量测	
	9	特殊情况处理	符合设计要求	根据实际情况定	

注：1. 本质量标准适用于摆喷施工法，其他施工法可调整检验项目。

2. 使用低压浆液时，"浆液压力"为一般项目。

高压喷射灌浆防渗墙单孔施工质量验收评定标准应符合下列规定：

1）主控项目检验点 100％合格，一般项目逐项 70％及以上的检验点合格，不合格点不集中分布，且不合格点的质量不超出有关规范或设计要求的限值，该孔评定合格；

2）主控项目检验点 100％合格，一般项目逐项 90％及以上的检验点合格，不合格点不集中分布，且不合格点的质量不超出有关规范或设计要求的限值,该孔评定优良。

(3)单元质量标准。高压喷射灌浆防渗墙单元工程施工质量验收评定标准应符合下列规定:

1)在单元工程效果检查符合设计要求的前提下,高喷孔 100%合格,优良率小于 70%,单元工程评定合格;

2)在单元工程效果检查符合设计要求的前提下,高喷孔 100%合格,优良率不小于 70%,单元工程评定优良。

二、混凝土质量评定

1.评定方法

防渗墙墙体材料的总体质量一般应采用统计方法进行评定,槽段和工程均少的小型工程也可采用非统计方法评定。墙体材料的总体质量评定以全部取样成型试件的试验结果为依据;开挖检查、物探检查、钻孔取芯等其他检查方法的检验结果只作参考,或作为分析局部成墙质量的依据。墙体材料质量评定的主要项目是抗压强度和抗渗指标,当抗渗指标的检验数据较少时,可采用非统计方法评定。

用统计方法进行墙体材料的质量评定时,一般可将整个墙体作为一个验收批,即当性能等级、配合比和施工条件相同时,可将全墙所有墙段的取样试验数据作为一个统计单位。当防渗墙的工程量较大、工期较长,或墙体出若干不同性能要求的墙体材料组成时,可划分为若干个验收批。同一验收批的混凝土强度,应以同批内标准试件的全部强度代表值来评定。每个验收批的试件应不少于 10 组。

2.评定标准

(1)强度等级在 5MPa 以上的防渗墙混凝土,强度评定可采用 SL 677—2014 中规定的标准。

1)统计方法评定。应分期分批对同一混凝土强度标准和同一龄期的混凝土强度进行统计分析,计算混凝土强度平均值(mf_{cu})[按式(9-4)计算]、标准差(σ_0)[按式(4-3)计算]、保证率(P)及不低于规定强度标准值的百分率(P_s)[按式(9-5)计算]。验收批混凝土强度平均值和最小值应同时满足式(9-6)、式(9-7)要求。

$$mf_{cu} = \frac{\sum\limits_{i=1}^{n} f_{cu,i}}{n} \qquad (9-4)$$

$$P_s = \frac{n_0}{n} \times 100\% \qquad (9-5)$$

$$mf_{cu} \geqslant f_{cu,k} + Kt\sigma_0 \qquad (9-6)$$

$$f_{cu,min} \geqslant \begin{cases} 0.85 f_{cu,k} (\leqslant C_{90}20) \\ 0.90 f_{cu,k} (> C_{90}20) \end{cases} \qquad (9-7)$$

式中：mf_{cu}——同一验收批混凝土试件强度的平均值，MPa；

$f_{cu,i}$——第 i 组试件的强度值，MPa；

n——同一验收批内相同混凝土强度标准值的试件统计组数；

P_s——同一验收批混凝土强度不低于规定强度标准值的百分率，%；

n_0——同一验收批统计组数内混凝土强度不低于规定强度标准值的组数；

$f_{cu,k}$——混凝土设计龄期的强度标准值，MPa；

K——合格判定系数，根据同一验收批统计组数 n 值，按表 9-10 选取；

t——概率度系数，按第四章第三节中式（4-2）计算；

σ_0——同一验收批混凝土试件强度的标准差，MPa，按第四章第三节中式（4-3）计算；

$f_{cu,min}$——n 组强度中的最小值，MPa。

表 9-10　混凝土强度的合格判定系数 K 值表

n	2	3	4	5	6～10	11～15	16～25	＞25
K	0.71	0.58	0.50	0.45	0.36	0.28	0.23	0.20

注：1. 同一验收批混凝土，应由强度标准相同、配合比和生产工艺基本相同的混凝土组成，对现浇混凝土宜按单位工程的验收项目或按月划分验收批。

2. 验收批混凝土强度标准差 σ_0 计算值小于 $0.06 f_{cu,k}$ 时，应取 $\sigma_0 = 0.06 f_{cu,k}$。

2)非统计方法评定。当某一验收批的试件数少于10组时,该验收批用非统计方法评定其强度的合格判定条件是:

$$mf_{cu} \geq 1.15 f_{cu,k} \tag{9-8}$$

$$f_{cu,min} \geq 0.95 f_{cu,k} \tag{9-9}$$

(2)强度等级在5MPa以下的防渗墙墙体材料(塑性混凝土和固化灰浆),其实际强度的离散性较大,故强度评定不宜采用SL 677—2014中规定的标准。其强度合格标准应予适当放宽,并与其施工配制强度的保证率相适应。为此,关于防渗墙墙体材料强度合格判定标准的具体建议如下:

1)同批试件的抗压强度和抗渗指标的保证率:普通混凝土不得小于85%;和黏土混凝土不得小于80%;塑性混凝土不得小于75%;固化灰浆不得小于70%。

2)同批试件抗压强度和抗渗指标的最低测试值与设计标准值的比值:普通混凝土不得小于0.9;黏土混凝土不得小于0.8;塑性混凝土不得小于0.7;固化灰浆不得小于0.6。

三、混凝土质量控制水平的统计分析

所有防渗墙工程均应通过对墙体材料试件抗压强度试验数据进行统计分析,计算出强度保证率和匀质性指标,以评定质量控制水平。相关规范规定,一次统计所用试件的数目不少于30组,并不得舍弃与平均强度相差较大的试验结果。

墙体材料的施工匀质性指标,以现场试件28d龄期抗压强度的标准差σ或离差系数C_v值表示。

对于防渗墙普通混凝土和黏土混凝土,其质量控制水平的评定可采用SL 677—2014中规定的标准(表9-11)。

对于塑性混凝土和固化灰浆等低强度墙体材料,现有规范尚未提出其质量控制水平评定的具体标准。国内外的统计资料和研究成果均表明:离差系数随着强度等级的降低而增大,而且增大的速率不断加大;当强度等级趋于0时,离差系数趋于无穷大。考虑到这种情况,根据有关统计资料,建议对防渗墙墙体材料按不同强度等级分别采用表9-12中所列的抗压强度离差系数评定标准,按不同的材料类型分别采用表 9-13 中所列的强度保证率评定标准。

表 9-11 混凝土生产质量水平等级

评定指标		质量等级			
		优秀	良好	一般	差
不同强度等级下的混凝土强度标准差 σ/MPa	$\leqslant C_{90}20$	<3.0	3.0~3.5	3.5~4.5	>4.5
	$C_{90}20\sim C_{90}35$	<3.5	3.5~4.0	4.0~5.0	>5.0
	$>C_{90}35$	<4.0	4.0~4.5	4.5~5.5	>5.5
强度不低于强度标准值的百分率 P_s/%		≥90		≥80	<80

表 9-12 防渗墙墙体材料抗压强度离差系数 C_V 评定标准值

强度等级 /MPa		≥20	20~13	12~7	6~4	3.5~2.5	2.0~1.0	<1.0
C_V 标准值	优秀	<0.11	<0.13	<0.16	<0.19	<0.22	<0.26	<0.32
	良好	0.1~0.13	0.1~0.17	0.17~0.20	0.20~0.23	0.2~0.27	0.27~0.33	0.33~0.39
	一般	0.1~0.18	0.1~0.21	0.21~0.24	0.24~0.28	0.2~0.33	0.33~0.40	0.40~0.50
	较差	>0.18	>0.21	>0.24	>0.28	>0.33	>0.40	>0.50

表 9-13 防渗墙墙体材料强度保证率(P)评定标准值

墙体材料类型		普通混凝土	黏土混凝土	塑性混凝土	固化灰浆
强度等级/MPa		>12	12~7	6~1	<1
强度保证率/%	优秀	≥95	≥90	≥85	≥80
	良好	90~94	85~89	80~84	75~79
	一般	85~89	80~84	75~79	70~74
	较差	<85	<80	<75	<70

第十章

施 工 安 全

第一节　混凝土防渗墙工程

一、冲击钻机

1. 安装

安装钻机的专用底车架，在拖运时轮子应向上，卸架翻转应轻放。

吊装钻机应先行试吊，试吊高度一般为离地 10~20cm，同时检查钻机套挂是否平稳，吊车的制动装置以及套挂的钢丝绳是否可靠，只有在确认无误的情况下，方可正式起吊。下降应缓慢，装入底车架应轻放就位。吊装钻机的吊车，一般应选用起吊能力 10t 以上的型号，套挂用的钢丝绳应完好，直径不小于 16mm。

钻机就位后，应用水平尺找平后才能安装。

钻机桅杆应装置避雷针。钻机桅杆升降时，严禁有人在桅杆下面停留、走动。随着桅杆的升起或落放，应用桅杆两边的绷绳，或在桅杆中点绑一保险绳，两边配以同等人力拉住，以防桅杆倾倒。立好桅杆后，应及时挂好绷绳。桅杆绷绳应用直径不小于 16mm 的钢丝绳，并辅以不小于 Φ75 的无缝钢管作前撑。绷绳地锚埋深不得小于 1.2m，绷绳与水平夹角面不应大于 45°。

钻机各重要部位应涂有相应警示标识颜色，以防误操作伤害。

2. 移机

钻机移动前，应将车架轮的三角木或固定卡取掉，松开绷绳,摘掉挂钩,钻头、抽筒应提出孔口,经检查确认无障碍时,方可移车。

移机时,由人工撬动车架轮缓慢移动,三角木或固定卡在车架轮前方导轨上起预防保护作用。

为避免钻机翻车倾覆安全事故,严禁用副卷扬牵引拉车移机。

3. 作业

冲击钻机开机前应拉开所有离合器,严禁带负荷启动。开孔时应采用间断冲击,直至钻具全部进入孔内且冲击平稳后,方可连续冲击。下钻速度不能过快,应用闸把控制下落速度,以免翻转、卡钻。

每次取下钻具、抽筒应有三人操作,并检查钻角、提梁、钢丝绳、绳卡、保护铁、抽筒活门、活环螺丝等处的完好程度,发现问题应及时处理。当钢丝绳断丝超过 10% 或一股的 1/2 以上者,应将破坏部分割去,否则禁止继续使用。破坏部分较多时,应更换新绳。

在基岩中钻进时,开孔钻头和更换的钻头均应采用同一规格,钻进一定深度后应起钻、下抽筒清理孔底钻渣,以免卡钻。

为避免冲击钻机发生翻车事故,凡属下列情况时严禁开车钻进:

(1) 钻头距离钻机中心线 2m 以上时;

(2) 钻头埋紧在相邻的槽孔内或深孔内提起有障碍时;

(3) 钻机未挂好、收紧绑绳时;

(4) 孔口有塌陷痕迹时。

4. 其他安全注意事项

(1) 如钻机运行中遇钢丝绳缠绕,应立即停机拨开,钻机未停稳前严禁拨弄。

(2) 上桅杆进行高空作业时,应佩戴安全带;动力闸刀,应设专人看管。严禁高空作业人员与地面人员闲谈。

(3) 当钻具提升到槽口时,应立即打开大链离合器,同时将卷筒闸住。钻头应放置在钻头承放板上,放时应慢速轻放,以免承放板断裂伤人。

（4）遇到暴风、暴雨和雷电时,禁止开车,并应切断电源。

（5）钻机突然发生故障,应立即拉开离合器,如离合器操作失灵,应立即停机。因突然停电或其他原因停机,而短时间内不能送电、开机时,应采取措施将钻具提离孔底 5m 以上,以免钻具埋死;若采用人工转动,应先拉掉电源。

二、冲击反循环钻机

1. 试机

开车前,应检查紧固件、连接件是否可靠;各润滑点是否按说明书要求加注润滑剂;地锚、拉杆是否挂好;钻机与底座之间是否固定可靠;各操纵系统及各离合器体要灵活可靠,不得有犯卡现象;将离合器处于分离状态,并检查离合器片是否有粘连现象,严禁离合器处于结合状态下启动机器;检查电器装置,点动电机确定电机转向,并检查相关传动链,判定没有问题后,方可启动钻机试运转。

2. 作业

试机正常后方可开车钻进。开孔时必须采用间断冲击,待钻具全部入孔且冲击平稳后,方可连续冲击。当孔深达4m 后,加入排渣管转入反循环钻进,排渣管底口应高于孔底0.3～0.5m。

钻孔深度超过 20m 时,钻头应加保护绳。

遇突然漏浆或塌孔时,应立即将钻头和排渣管提出孔口,立即堵漏,必要时将钻机移至安全地方。

其他安全注意事项参见冲击钻机。

三、钢丝绳抓斗

1. 启动

钢丝绳抓斗在启动前,必须做如下安全检查:

（1）启动前,必须围视主机并检查可见构件,如螺丝有无松动,机件有无裂痕、磨损、渗漏和人为破坏等情况;

（2）确认主机下及周围没有不相关人员及障碍物;

（3）确认所有盖子都已盖上并锁紧;

（4）启动时,应鸣笛警告附近人员。

2. 驾驶

抓斗主机行车速度必须依据路面及抓斗摆动情况而定，应尽量慢速并配合抓斗摆动行驶，严防抓斗大幅度摆动，行走时，抓斗齿尖应尽量贴近地面，并禁止在大于 30°的斜坡上行走。

行车时只允许由一个人发出指挥信号，在死角或能见度低的情况下，或特别需要时才允许由另一个人发出配合指挥信号。

3. 安全作业

抓斗主机停放处要求平整、硬实，确保回转作业半径范围内无障碍物，以免发生危险。抓斗入槽时要缓慢、平稳，防止砸坏导向槽并确保抓斗安全，应随时注意钢丝绳工作情况，防止卷筒上钢丝绳乱绳。

遇块石时，禁止强行冲击，应换上重锤将其击碎后再抓。重锤作业时，先将重锤放至槽孔底，拉直钢丝绳并在绳上作标记，依绳上标记将重锤提升后自由落体冲击孔底，严禁过早制动使重锤打空，避免造成损伤主机或钢丝绳绷断等安全事故。

如遇大量漏浆时，应立即停抓并将主机撤离槽孔，待堵漏处理好后再抓，防止塌孔埋斗及主机发生危险。

四、液压抓斗

液压抓斗拆卸和组装过程中采取安全防护措施，登高作业时应系好安全带。

停置液压抓斗主机的场地，必须确保地面承载力大于履带的接地比压 0.1MPa，保证设备安全。主卷扬用绳必须使用直径 φ24 钢芯钢丝绳并经常检查磨损情况，如果一个捻距内断丝数超过 10%或有明显的松散、打结、断股等现象，应立即予以更换。钢丝绳在提升卷动过程中，应排列整齐有序，不得有交叉碾扎的现象，卷筒上钢丝绳在工作状态时的最少圈数不得少于两圈。

在整机运行之前，应确认回转范围，在该范围内不应有障碍物，不准非操作人员入内、停留或走动。抓斗的实际挖掘深度要视液压软管和钢丝绳的安全圈数而定,卷管器上的液压软管最小极限圈数不得少于 1.5 圈。斗体提升出孔口后,要注意上限位情况,不得超限位提升。

抓斗工作时,应有最少一名人员在附近,观察设备的运行情况,槽孔内浆面情况,如发现问题应及时通报驾机人员,停机处理。槽孔内必须保持充足的泥浆,浆面低限应高于导墙底 50cm,否则应停止工作。遇塌孔现象应尽快将斗体提升出槽孔,如塌孔范围较大应及时将主机撤离危险区域。

五、泥浆系统

1. 泥浆搅拌机

泥浆搅拌机进料口及皮带、暴露的齿轮传动部位应设有安全防护装置及防护罩。否则严禁开机运行。

搅拌机内的泥渣应适时检查清除。当人员进入搅拌槽内清除作业之前,应切断电源,开关箱应加锁,并挂上"有人操作,严禁合闸"的标示牌,严防误伤人;搅拌槽内照明灯电压以 12V 为宜。

2. 泥浆泵

泥浆泵启动前必须检查皮带的位置是否正确、松紧程度是否适当和防护罩是否完好;启动后,应检查机械各部位声响和排浆情况,确认正常后,方能调整三通阀门使其开始输送浆液,并将压力调整至施工规定的数值范围以内,严禁超过规定压力运转。

3. 泥浆净化机

泥浆净化机必须安放在水平面上,至少净化机的两侧基础应保持在同一水平面上;以保证筛面上的物料筛分时不偏斜。使用前,应先检查振动筛的振动器部件和筛网是否完好,是否安装牢固;否则应更换或重新组装紧固。再检查振动筛电机的转向是否与偏心轮上标明的方向一致。

振动筛应在没有负荷的情况下开机,待振动筛运行平稳后才能输入泥浆。因此,净化机应先于钻机开机;但净化机的泥浆泵必须等到泥浆槽内的泥浆达到槽容量的 70% 时才能开机。应避免泥浆泵吸空损坏叶轮。

六、混凝土系统

1. 混凝土搅拌机

固定式搅拌机应安装在牢固的台座上,并用水平尺校正水平。当长期固定时,应埋置地脚螺栓。在短期使用时,应在机座上铺设木枕并找平放稳。固定式搅拌机的操纵台,应使操作人员能看到各部工作情况。电动搅拌机的操纵台,应垫上橡胶板或干燥木板。

(1)混凝土搅拌机作业前对下列项目重点检查并应符合下列要求:

1)电源电压升降幅度不超过额定值的5%幅度。

2)电动机和电器元件的接线牢固,保护接零或接地电阻符合规定。

3)各传动机构、工作装置、制动器等均紧固可靠,开式齿轮、皮带轮等均有防护罩。

4)作业前,应先启动搅拌机空载运转。确认搅拌筒或叶片旋转方向与筒体上箭头所示方向一致。对反转出料的搅拌机,应使搅拌筒正、反转运转数分钟,并应无冲击抖动现象和异常噪声。

5)作业前,应进行料斗提升试验,观察并确认离合器、制动器灵活可靠。

(2)搅拌机作业时,严格遵守下列安全规定:

1)搅拌机作业进料时,严禁将头或手伸入料斗与机架之间。运转中,严禁用手或工具伸入搅拌筒内扒料、出料。

2)搅拌机作业中,当料斗升起时,严禁任何人在料斗下停留或通过;当需要在料斗下检修或清理料坑时,应将料斗提升后用铁链或插入销锁住。

3)作业中不得进行检修、调整和加油。并勿使砂、石等物料落入机器的传动机构内。观察设备运转情况,当有异常或轴承温升过高等现象时,应停机检查。当需检修时,应将搅拌筒内的混凝土清除干净,然后再进行检修。

4)搅拌过程中不宜停车,如因故必须停车,在再次启动前应卸除荷载,不得带载启动。

5) 搅拌机有气动装置的,风源气压应稳定在 0.6MP 左右。作业时不得打开检修孔,入孔检修时先把空气开关关闭,并派人监护。

(3) 搅拌机作业后,应注意下列事项:

1) 作业后,应对搅拌机进行全面清理;当操作人员需进入筒内时,必须切断电源或卸下熔断器,锁好开关箱,挂上"禁止合闸"标牌,并应有专人在外监护。

2) 作业后,应将料斗降落到坑底,当需升起时,应用链条或插销扣牢。

3) 搅拌机在场内移动或远距离运输时,应将进料斗提升到上止点,用保险铁链或插销锁住。

2. 混凝土搅拌站

(1) 混凝土搅拌站的安装,应由专业人员按出厂说明书规定进行,并应在技术人员主持下,组织调试,在各项技术性能指标全部符合规定并经验收合格后,方可投产使用。经过拆卸运输后重新组装的搅拌站,也应调试合格后,方可使用。

(2) 作业前检查项目应符合下列要求:

1) 搅拌筒内和各配套机构的传动、运动部位及仓门、斗门、轨道等均无异物卡住。

2) 提升斗或拉铲的钢丝绳安装、卷筒缠绕均正确,钢丝绳及滑轮符合规定,提升料斗及拉铲的制动器灵敏有效。

3) 各部螺栓已紧固,各进、排料阀门无超限磨损,各输送带的张紧度适当,不跑偏。

4) 各电气装置能有效控制设备动作,各接触点和动、静触头无明显损伤。

5) 机组各部分应逐步启动。启动后,各部件运转情况和各仪表指示情况应正常,油、气、水的压力应符合要求,方可开始作业。

(3) 作业过程中,在贮料区内和提升斗下,严禁人员进入。搅拌筒启动前应盖好仓盖。设备运转中,严禁将手、脚伸入料斗或搅拌筒探摸。

当拉铲被障碍物卡死时,不得强行起拉,不得用拉铲起吊重物,在拉料过程中,不得进行回转操作。

搅拌机满载搅拌时不得停机,当发生故障或停电时,应立即切断电源,锁好开关箱,将搅拌筒内的混凝土清除干净,然后排除故障或等待电源恢复。

3. 混凝土搅拌输送车和混凝土泵

(1) 混凝土搅拌输送车的搅拌筒和滑槽的外观应无裂痕或损伤。滑槽止动器应无松弛和损坏。搅拌筒机架缓冲件应无裂痕或损伤。搅拌叶片磨损应正常。

启动内燃机应进行预热运转,各仪表指示值正常,制动气压达到规定值,并应低速旋转搅拌筒 3~5min,确认一切正常后,方可料料。

搅拌运输时,混凝土的装载量不得超过额定容量。行驶在不平路面或转弯处应降低车速至 15km/h 及以下,并暂停搅拌筒旋转。通过桥、洞、门等设施时,不得超过其限制高度及宽度。

(2) 混凝土泵应安放在平整、坚实的地面上,周围不得有障碍物,在放下支腿并调整后应使机身保持水平和稳定,轮胎应搜紧。如必须在倾斜的地面停放时,可用轮胎制动器卡住车轮,倾斜度不得超过 3°。垂直泵送管道不得直接装接在泵的输出口上,应在垂直管前端加装长度不小于 20m 的水平管,并在水平管近泵处加装逆止阀。泵送管道敷设后,应进行耐压试验。

作业前应检查并确认泵机各部螺栓紧固,防护装置齐全可靠,各部位操纵开关、调整手柄、手轮、控制杆、旋塞等均在正确位置,液压系统正常无泄漏,液压油符合规定,搅拌斗内无杂物,上方的保护格网完好无损并盖严。开泵前,无关人员应离开管道周围。

泵机运转时,严禁将手或铁锹伸入料斗或用手抓握分配阀。当需在料斗或分配阀上工作时,应先关闭电动机和消除蓄能器压力。泵送时,不得开启任何输送管道和液压管道;不得调整、修理正在运转的部件。

作业后,应将料斗内和管道内的混凝土全部输出,然后对泵机、料斗、管道等进行冲洗。当用压缩空气冲洗管道时，进气阀不应立即开大，只有当混凝土顺利排出时，方可将进气阀开至最大。在管道出口端前方 10m 内严禁站人。

七、其他

1. 浇筑导管

导管安装及拆卸工作，应遵守以下安全要求：

（1）安装前认真检查导管是否完好、牢固。吊装的绳索挂钩应牢固、可靠。

（2）导管安装应垂直于槽孔中心线，不得与槽壁相接触。

（3）用钻机起吊导管时，应注意天轮不能出槽，由专人拉绳；孔口工作人员不得站在危险位置，卷扬操作应慢、稳；下放导管时，人的身体不能与导管靠的太近，以防导管晃动伤人。

（4）导管拆卸后，应立即用水冲洗干净，并按指定地点堆放整齐，以便随时查对孔内导管长度，以免发生意外事故。

2. 孔口防护

混凝土防渗墙施工时，槽口必须安全稳固，除钻头升降部位外，其余部位槽面应设有足够承载力的槽盖板。槽盖板与槽口的搭接长度不应小于 10cm。在槽口设置盖板，是为了防止人员与机械坠入槽中。槽口盖板，一般采用厚度不小于 4cm 的木板，或厚度不小于 1cm 的钢板，或能经受 2kN 压力的其他钢板制成。当有车辆或其他机械通过的，盖板应能承受不小于有效压力 2 倍的荷载。

防渗墙混凝土浇筑后，应设防护盖板或及时回填至地面，防止人员坠入空孔部分的深槽。

第二节　高喷灌浆工程

一、施工现场

施工平台应平整坚实，其承载安全系数应达到最大移动设备荷载的 1.3～1.5 倍。

施工平台、制浆站和泵房、空压机房等工作区周围的临空面应设置安全栏杆。

风、水、电应设置专用管路和线路，杜绝输电线路与高压管或风管等缠绕在一起。专用管路接头应连接可靠牢固、密封性好，且耐压。

施工现场应注意环境保护并设置废水、废浆处理和回收系统。此系统应设置在钻喷工作面附近位置，但应避免干扰喷射灌浆作业的正常操作场面和阻碍交通。

二、安装及拆卸安全

1. 支架

安装和拆卸钻机、三脚架（四脚架相同）时，应遵守下列规定：

（1）三脚架各脚周围一般应留有 50cm 以上的安全距离。

（2）安、拆、挪移三脚架应在班长或指定人员的统一指挥下进行，各支腿下人数不应少于 2 人。所有人员须全神贯注，按指挥信号统一动作。当采用人力移动三脚架，应事先清除移动范围内的障碍物。移动时，应一腿一腿分别进行，支腿脚离地面高度不应超过 20cm。正挪动的人员，应随时注意支腿的起落以防止伤及人身，其他人员应稳扶所负责的支腿，并随时注意观察三脚架的整体稳定情况，不得出现过度倾斜状况。

（3）三脚架支腿应采用地质管材或优质无缝钢管制作，用 8♯铅丝将松木或杉木两端牢固绑扎在支腿上作横拉，横拉木杆的直径不应小于 80mm，上下间距不宜大于 1.0m。

三脚架立起后应做好下列加固工作：

1）支腿根要打有牢固的柱窝或其他防滑设施；

2）支腿至少有两面要绑扎加固拉杆；

3）不论长期或短期使用，宜采用 ϕ10mm 以上的钢丝绳制作 2~3 根绷绳，绷绳与水平面夹角一般不大于 45°。

（4）拆除三脚架的工作，应在架下无设备、人员时进行。人工拆卸时，应从上至下解除横拉杆，而后一点一点向外移动一条支腿，直至整个三脚架放倒，另两腿始终应保持在稳固状态。

2. 桅杆

（1）底盘为轮胎式平台的高喷台车，在桅杆升降前，应将轮胎前后打眼以防止其移动或用方木、千斤顶将台车顶起固定；

（2）检查液压阀操作手柄或离合器与闸带是否灵活可靠；

（3）检查卷筒、钢丝绳、蜗轮、销轴是否完好；

（4）除操作手外，其他人员均应离开台车及其前方，严禁有人在桅杆下面停留和走动；

（5）在桅杆升起或落放的同时，应用基本等同的人数拉住桅杆两侧的两根斜拉杆，以保证桅杆顺利达到或尽快偏离竖直状态。立好桅杆后，应立即用销轴将斜拉杆下端固定在台车上的固定销孔内。

3. 钻孔、高喷机械

装卸钻喷机械用吊车，一般应选用大于钻、喷机械重量1.5倍以上吨位的型号，严禁超负荷吊装，起重用的钢丝绳应满足起重要求的规定。

装卸时先进行试吊，高度一般为 10～20cm，经试吊确定安全、平稳方可正式装卸。

三、钻孔

1. 稳固钻机

在砂卵石、砂砾石地层中以及孔较深时，开始前应采取必要的措施以稳固、找平钻机。可采用的措施有：增加配重、镶铸地锚、建造稳固的钻机平台等；对于有液压支腿的钻机，将平台支平后，宜再用方木垫平、垫稳支腿。

2. 检查及调试

（1）对于有离合器的机械，其间隙应调至适当位置，不能过紧或太松。

（2）对于升降闸带，应调整摩擦片与卷轮间的间隙（一般保持 1.5～2mm），使闸带手柄能方便可靠控制卷扬机。

（3）皮带轮和皮带上的安全防护罩、高空作业用安全带、触电防护装置、避雷装置等安全防护装置,应齐备、适用并且可靠。

(4) 清除机身、机旁杂物,保证各操作、运转位置无障碍。

(5) 卷扬机钢丝绳必须顺次缠绕,不得交错重叠,不得超负荷吊重(慢速起重能力为 14.7kN,快速不得超过 5kN)。

3. 开孔

对于有离合器的钻机,开机前应拉开离合器,严禁带负荷启动。

水龙头和胶管应系上保护绳,开车时由助手照顾胶管和保护绳,防止胶管和机上钻杆相缠绕而造成危险事故。

开孔时,钻速不应太快。待下设完孔口管并校正方向后,才可加快钻进速度。

4. 起下钻具

起下钻具过程中应遵守下列安全规定:

(1) 提升时,提引器距天车不得小于 1m,若遇特殊情况,须采取可靠安全措施。

(2) 操作升降机,不得猛刹猛放,在任何情况下都不准用手或脚直接触动钢丝绳,如在卷筒上缠绕不规则时,可用木棒拨动。

(3) 孔口操作人员,须站在钻具起落范围以外,摘挂提引器时应注意钢丝绳反弹。

(4) 起下粗径钻具时,不得将手伸入管内去抬拉,亦不得用手去试探有无岩心,并且注意腿脚位置不得在钻具下方。

(5) 若中途发生钻具脱落,不得用手去抓。

(6) 钻具取出孔口后,要盖好孔口盖,以防工具或其他物件掉入孔内。

5. 其他安全事项

(1) 钻进过程中,一旦发现钻机运转或泥浆循环等出现异常,应立即停止钻进,起出钻具,全面分析原因并处理后再行钻进。

(2) 突然停电或其他原因停机,不能很快送电时,应采取措施将钻具提出孔口或孔底 5m 以上。

（3）凡钻杆直径磨损达 4mm、每米弯曲超过 3mm、岩心管磨损超过壁厚 1/3、每米弯曲超过 2mm，以及各种钻具有微小裂隙、丝扣严重磨损、旷动或明显变形时，均不得下入孔内。

（4）新旧程度或材质不同的钻杆，应分开使用，避免或减少钻具折断事故。

四、喷射灌浆

1. 准备工作

喷射灌浆前应对高压泵、空压机、高喷台车等机械和供水、供风、供浆管路系统进行认真检查，并用不小于 15cm×15cm×250cm 的方木垫平高喷台车下的钢轨，钢轨间连接应牢靠、不易脱落。

下喷射管前，宜进行试喷和 3～5min 管路耐压试验。下喷射管时，应采用胶带缠绕或注入水、浆等措施防止喷嘴堵塞；遇有严重阻滞现象，应起出喷射管进行扫孔，不能强下。

高压控制阀门宜安设防护罩。高压泵、空压机气罐上的安全阀应确保在额定负荷下立即动作。应定期校验安全阀，校正后不得随意转动。安全压力应以指针最大摆动值为准。

2. 作业安全

拌制水泥浆时，应先加水，待加至适量后边加水边加水泥。中途处理故障时，应卸下传动皮带。

喷射灌浆应全孔连续作业。当作业中间需拆卸喷射管，应按水、气、浆的顺序关停各喷射介质，卸管操作应熟练快速。

喷射灌浆过程中应有专人照看高压压力表，防止压力突升或突降。一旦出现压力突降或骤增、孔口回浆变稀或变浓、回浆量过大、过小或不返浆等异常情况时，应查明原因并及时处理。处理事故或喷射管离地面后，必须将棘爪嵌入卷筒上的棘轮。

单孔高喷灌浆结束后，应尽快用水泥浆液回灌孔口部位，防止地下空洞给人身安全和交通造成威胁。

参 考 文 献

[1] 高钟璞. 大坝基础防渗墙[M]. 北京：中国电力出版社，2000.

[2] 全国水利水电施工技术信息网. 水利水电工程施工手册 地基与基础工程[M]. 北京：中国电力出版社，2002.

[3] 中国水利学会地基与基础工程专业委员会. 2015水利水电地基与基础工程[M]. 北京：中国水利水电出版社，2015.

[4] 刘发全. 防渗墙工[M]. 郑州：黄河水利出版社，1996.

内容提要

本书是《水利水电工程施工实用手册》丛书之《混凝土防渗墙工程施工》分册,以国家现行建设工程标准、规范、规程为依据,结合编者多年工程实践经验编纂而成。全书共 10 章,内容包括:概论、混凝土防渗墙施工工艺流程、混凝土防渗墙施工临时设施、混凝土防渗墙墙体材料、混凝土防渗墙施工机械、混凝土防渗墙造孔、混凝土防渗墙成墙、高压喷射灌浆防渗墙、质量检查与质量评定、施工安全。

本书适合水利水电施工一线工程技术人员、操作人员使用。可作为水利水电工程混凝土防渗墙、高喷防渗墙施工作业人员的培训教材,亦可作为大专院校相关专业师生的参考资料。

《水利水电工程施工实用手册》